Adult Activity Books Series

The Giant Book of

Slitherlink

1000 Easy to Hard Puzzles (10x10)

Vol. 49

Khalid Alzamili, Ph.D.

A Special Request

Your brief review could really help us.

Thank you for your support

August 2020

Copyright © 2020 Dr. Khalid Alzamili

ISBN: 9789922636795

Dr. Khalid Alzamili Pub

www.alzamili.com

Author Email : khalid@alzamili.com

CONTENTS

INTRODUCTION

Playing logic Puzzles is not just a fun way to pass the time, due to its logical elements it has been found as a proven method of exercising and stimulating portions of your brain, training it even, if you will and just like training any other muscle regularly you can expect to see an improvement in cognitive functions. Some studies go as far as indicating regular puzzles can even help reduce the risk of Alzheimer's and other health problems in later life.

Slitherlink (also known as "Fences", "Loop the Loop", "Ouroboros", "Dotty Dilemma", "Sli-Lin", "Great Wall of China", "Takegaki") is a logic puzzle with simple rules and challenging solutions. Slitherlink is played on a rectangular lattice of dots. Some of the squares formed by the dots have numbers inside them.

The rules of Slitherlink are simple:

1- Connect horizontally and vertically adjacent dots so that the lines form a single loop with no loose ends.

2- The number inside a square represents how many of its four sides are segments in the loop.

	3		2	3	3		2	2	2
2	1		2		2				1
3	2	3		2	3	1	1	1	2
3	0		1	1	3				3
3	2			3	2	2	2	1	2
3	1	2		2	1		2	3	
3	2	2	3	3	2		2	1	2
3	1			1	2	1		2	
3	2	3	3	2	2	2		2	2
	1	2	1		2	2	2	2	3

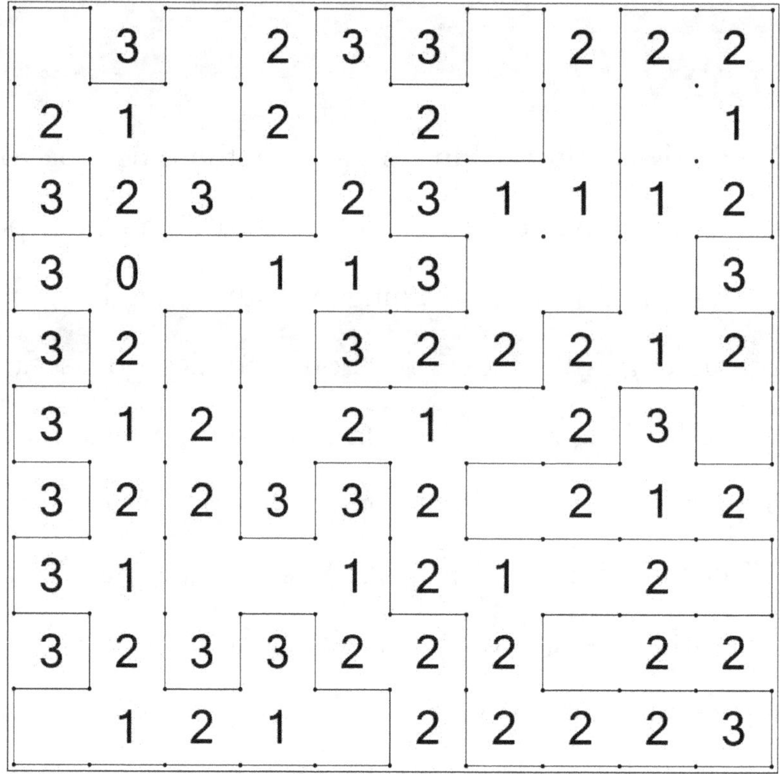

This Logic Puzzles book is packed with the following features:

- 1000 Slitherlink (10x10) Puzzles from Easy to Hard.

- Answers to every puzzle are provided.

- Each puzzle is guaranteed to have only one solution.

We hope this will be an entertaining and uplifting mental workout, enjoy The Giant Book of Slitherlink.

Khalid Alzamili, Ph.D.

Easy (1)

```
2 . . . . 3 3 3 3 .
2 3 2 1 3 1 . 0 . 1
. 2 3 1 . 2 2 2 . 3
. 3 1 1 . . 3 2 . .
1 3 . 1 3 1 . 0 . 2
. . 2 2 1 1 3 3 3 3
1 2 1 1 0 . 2 2 1 2
. . 2 . . 1 . 2 2 2
. 2 2 2 3 . . 3 2 .
3 2 3 1 . . . . . 3
```

Easy (2)

```
. 2 3 2 3 3 2 . . 3
2 1 2 . 1 . . 2 2 .
. 2 1 3 . . 2 3 1 3
2 1 2 2 1 3 . . 1 2
. . 3 2 3 . . . 2 2
3 0 2 2 1 1 3 2 1 3
3 1 . 2 1 2 . 3 . 3
3 1 . . . . 1 1 1 3
3 2 2 2 2 2 3 2 . 2
. 2 2 3 2 . 2 2 . .
```

Easy (3)

```
3 3 2 2 . . . . . 3
2 . 1 2 2 1 2 2 . 3
2 3 2 1 . 2 2 . 2 2
3 2 1 . 2 . . 1 3 .
2 3 2 . 2 . 2 2 2 1
3 1 . . 3 2 . . 3 3
2 3 2 2 . 0 2 . 1 .
0 2 1 2 . 1 . 2 . 3
1 3 3 2 3 1 . . 2 1
1 . 2 2 2 3 3 3 3 .
```

Easy (4)

```
. 2 1 1 . . . . . 3
. 2 . . . 2 . 2 . 2
. 2 2 . 2 1 2 1 2 1
2 2 . . 2 2 2 3 2 3
. 2 2 1 1 3 . 1 . 2
3 0 2 . . 1 . 1 3 1
3 1 1 2 3 . 3 . 2 3
3 2 3 2 2 1 2 2 3 2
2 2 . 2 3 . . 2 1 2
3 . . . . 2 1 2 2 .
```

Easy (5)

```
. . 2 3 3 2 2 2 2 .
2 2 . . . 2 2 2 1 2
2 1 1 1 1 3 1 3 2 .
3 0 1 3 1 3 2 2 . .
3 1 . 2 . . . 2 3 .
. 2 . 2 . . 3 2 1 2
2 . 2 2 1 3 2 . . .
. 2 1 0 1 2 1 . 1 3
2 3 1 2 2 2 2 3 . .
. . 2 . 0 1 3 . 3 .
```

Easy (6)

```
. 2 3 1 . 1 . 3 2 1
. . 2 . 2 0 . 2 . 3
. . . 2 2 1 0 3 2 3
2 0 2 . 2 3 . . . 3
. . 3 2 1 . 2 2 2 2
. . . 2 3 . 2 2 . .
3 2 2 2 2 . . . 2 2
2 1 1 2 . 1 2 . . .
3 1 2 1 2 2 2 2 . 2
2 3 3 . 2 . 1 3 . 2
```

Solution on Page (170)

Easy (7)

3	3	2	2		3	2	3	3	
1			1	3	2		1	2	1
3	2		2		1	2		3	3
1	0		2					1	
1	2			2		3	2	2	
3		0	1		2	2	3	2	3
		2	1		2	1		0	3
3	2		1		2	1		2	3
1	1	2	1		2	2		1	
2		3	2		2	3	2	2	2

Easy (8)

	2	1	2	2	2	2	2		
2	2			1		2	3	2	2
3	2	3		2	2		1	2	3
	1						1	2	2
1	1	3				2	3		3
1	1	2			1	0	3	2	2
	2	2	2	2	1			2	2
1	2	1	2			1	2		
2	3	1	2	2			2	2	2
		3	3	3	2		1	1	

Easy (9)

	2	2	1		2		2	3	
		2	3	3			1		3
2		1	1	2	2	3	2	3	2
	3	0	2	2	2	2	2	2	3
			3	1	3	1	1	1	2
3	2	2	2	2	1	2	2	1	3
3	1	2		2	2	1	2		
2	3	1	3	1	2		1	2	2
2				2	2	2		3	
3		2	2		2		2	2	

Easy (10)

	2	1	1	2	2	3	2	2	
2	3		1	1	3	2	3	2	3
2	2	2	3	2			1		
	3	1		2	2	2			2
1	3			3	2		2	3	
	2	1	2	1			1	3	
3	2	3	2	2	2	2	2	3	
		2	2	3	2		1	3	2
2	3	3	1	2	0		1		
			3	3	3	3	3		

Easy (11)

1	1	2	1	3	2	3	2	2	3
	3			1	3	2			
2	1	1	0	2	2	2			
		3	3	2	1	2	2	1	3
2	2	2	2	1	1	3	2		2
				2		2	2	2	
3			3	2	3	3			
3	1	2	3	0	1	1		1	3
3				2	0	1	2		3
3	1	3			3	2	2	2	3

Easy (12)

3	2		2			2	3	2	3
	2	3	1		1	2			2
2	1	1		2	0	2	2		
	3	2	3	0	1	2	1	1	2
	1	3	1		2		2	1	
1		3	2			1			
2		1	1	1	1			2	
1	2	3	2		3	2	2	1	2
	1	3	2	2	2	2	2		
3	2	2	3	2	2	3	2	2	3

Solution on Page (170)

Easy (13)

	0		1		3	3	2		3
	3		2		1		1		2
2				1	1	3	1		
3	1	1	3		1	3	1		2
	2	2	1	1	0	2		1	
2	1	1	1		1		2	1	2
3	3		3			3		2	
2	1			1	2	2	3	1	
3	2	3	1	1	3		2		3
3	2	2	2		2	2	3	2	3

Easy (14)

3		2	2	2	2		2	0	1
	1		3				3	2	
3	2		1		2		3	2	
3	1		3		2		1		1
2	1	2	1		2		1		
1	3	2	3	2	2				2
1	2		2		2		1		2
3	1	2		3	1	1		3	
3		3	1	1		1		2	
		2			2	0	1	2	2

Easy (15)

1		1	3	2	2	3		1	
2	2	2				3			3
1	0	1	2	1		3	1	2	2
		1	3		1	3	2	2	2
2		3		2	3	2	1	3	
	2			1			1	1	2
						3	3	3	2
3	2			3	1	2	0		
3	0	1	0	1		2	3	3	1
2		1	1	2	3	2			

Easy (16)

2		2		3				1	1
2	3	1	2	2		2		2	2
1	3			2	3	0		1	2
		2			3			1	2
1	2	1	1	1	2	2	3	3	1
2			3		3	1		2	1
	2	2	2	2		3		2	
2			1	2	2		2		
			2	1		2		2	
	1	2	2	3	2	2	2	2	2

Easy (17)

3	2	2	2				1	3	
2		2	1		2		2	3	1
2		3	1	2	3	2			3
	2	1	1	2		0		2	2
2	3	1	1	1	1	2	2	2	3
3	2	1	1	3	2				2
			2			2	3	3	
2	3	2	2		3	0	2	1	2
3		2			2		3	3	
1				1	1	2		2	2

Easy (18)

3	3	3	3	3	3	3	3	3	2
		1		1		1	2	1	3
			2	2				1	
2		3	2				3	3	3
	1	3							2
		2		1	2	2	1	1	3
	2	1	0	2	2	1	1	0	3
	1	3	2		1	2	1	1	3
2	2	2	1	2	1	2	0	1	2
		2			3	3	3		

Solution on Page (170)

Easy (19)

	2	2	2	1				2	
3	2	2		1	2	1		1	2
	1		2	2	2		3		2
2		2	3	1		3	1		1
1	2	2		1		1	2	3	3
3	2			1		2	3	0	2
2	2		3	3	2			3	
	1			2	0				2
		2		3		3	2	2	3
3	2	1	3	2	1	3			3

Easy (20)

	1		2	3					
3	2	3	0	2		3			2
3		3		1		2	1	2	2
3	2	2	1	3	2	3	1	3	2
3	1	1	2	2	2		1	2	2
3	2		2	1				3	
2	1		2	2		2		1	1
3			2		3	1	3	3	
				1		1		0	
	2	1				3	3	3	

Easy (21)

2		2	2	3	3	3	2	2	
2		2	3		2	2		2	3
		2	2		1	3			
2	0	2	2			1		2	2
	3	3	2	3	2			3	
2			1		0	3	2	3	1
3		3	2	0		3	1		2
		1	2	1	0	1	2	2	2
3	2		2	1	1		1	3	
		3	2	2	2	2			2

Easy (22)

3	2	2	3	1	3		3		3
3		2		2	2	1	2		
	1			2	1	1	2	3	
2			2	1	2	1	1		1
	2		3	2	2	3	1	1	2
1	3	2	1				2	2	
1	3	2			2		3	1	0
		2	2	3	3			2	2
2	2	2	1	1			1	3	2
		2	2	3	2	2	3	1	

Easy (23)

3	3	2			1				
2		1	3	1	0	3		3	2
3		1	2	2	2	2	0	2	1
2			3		3	1	2	3	3
3		2	2	1			3	1	
2			2	3	2			2	
2				1	3	1	2		
3		3	2	2	2	1	3	2	3
2	1			2		1	2	2	1
3				2	2		2		

Easy (24)

	2	1	2		2		3	3	3
2			3		3	2	1	2	2
3				2	3			2	2
2		0			2			2	
2	1	1	2	0	0		1	2	2
2	2	1		0	2		2		2
1		1	3	2				2	1
	3	2	2	1	2	2	2	2	2
	1	2	1				2		2
	2			3	2	3		3	2

Solution on Pages (170-171)

Easy (25)

3		2			2	3	2	2	2
2		1	2	1	2	3	2	3	
			2	2			0	2	2
	2	1	1			1	3	3	
	2	2		3	3	1	2	2	2
1	1	2	2			2			1
2	2		1	3	2	3	2	3	2
3	1	3	2	2	1	1			
	1	1			2	3			2
	1			3	2	2	1		

Easy (26)

3	3	3		1					
2					2	3	2	3	2
2	2		2	1	3	2	1	2	1
3			2		2		2		2
2	2	0	3	2				1	2
1		2		2	2		1	2	2
	2		2	2		2		3	0
2	1	3			2	3	2		2
1	0	2	2	2	2	2		1	3
2		3	3	2	2	3	2		

Easy (27)

3	2	2	2	3	2	1	2	1	3
3	1		1	1		3	1		2
2	2			3	1	2			1
	2	1		2			2		3
	2	2		2	1	3	2		1
2	1	3		2		1		3	3
	2	2		1	3	2	2	0	
1	2	1		2			2	2	
	3	2	3	1			2		1
3	2	2	3	2			2		

Easy (28)

3	3	2	2		2			1	3
2	2	0		1	2	1	3		
2	3		1	1		2			
3	2	2	3	1			1		1
	2	2		2	2	2			2
3	1	2	2	1	2	0	2	2	2
3	2	3	2	2	3		1	2	
2	1		1	2	1	2	3	2	
2		2				3		3	2
2	2	2					2		

Easy (29)

	3	2		1	3	1	2	2	3
1	2		3	2					3
	3		2			1	1	3	
2	1	1	1	2			2		
	2	2			1	2	2	2	3
2	2	2		2		3		2	2
1		1	3	2	1	2	2	1	1
1	3	2		2	2	2	3	2	
2		0		1	2				2
	3	3	3		2	1	3	3	

Easy (30)

			3	2	2	2	3		
2		1	1	1				3	1
2	2	3	2	3	3	3			3
		2			2	1	2	2	3
	2	1				2		1	
2		0	2	3	3	2	2	3	
3	2	1	0		1	2	2		1
	2	1	1		3		2	1	3
2	2	2				1			
3		2	2	1	1	2	2	2	3

Solution on Page (171)

Easy (31)

					2	2	3		3
1	2		2		2	2		2	2
2	2		1		1	2	1		2
	2	2			1	2	2	2	3
	2	0	1	2	2	2		1	3
	2	3	2	2		2		2	
1	0		1		2				
1		1	2	2	3		3	1	2
3	3	2	2		1	1		3	2
	1	3	2	2	1	2		1	0

Easy (32)

2	2		3	2				2	1
1		3				3	2		3
1		2	1	3	2		2	2	2
	2	3	1		0		2	2	2
	2		1		2	2	2	2	
2	0			2			1	1	
	3		0	2	1	2		1	3
2				3	3	2	3	2	3
3	2			1	2	1	2	0	3
		2	2		3	2	2	2	

Easy (33)

	2	2	3	3	3	3	2	2	
2	1	3	1		0	1		3	
3		1		3	2	1		0	
2	0	2				2			
2	1	3	2		2	2	2	3	2
	1		1		2	2	2	2	1
2	2	3	3	3	2	2	2	2	
				2		1	3	2	
2	2			1					1
3		2	3	3	3	2	2	3	

Easy (34)

2	2	1	1	1	1	2	3	2	3
1	1	3	2		1	1	1		2
1			2		1	1	1		1
3	3			1	3		3		1
2	0			1		1	3	1	
	1		3	1	2	2	2		
	2	1	3		1	1	2	1	
1	2		2	1	3	2			
2	3	2		2		2			1
3	2	3	2	3	2	2	2	2	3

Easy (35)

	2		2	3		0			
2	2	2		0	3	2	3		3
1		2	3			0	3	1	2
2	2			1	3	2	3	0	2
2	2		2		2	0	2		3
2	2	3	0	2	3	1			
	1					2	2	2	
	1	2	1				1	2	1
				2	2	2			
2		2		3	1	1	2		2

Easy (36)

2	3	3	3	2	2	2	2	2	3
2			1		2			2	2
3	3	1	1	1		2		2	3
2		2	3	2	3	2	2		
		1	2		1	2	2	2	2
2	3	2	1	2		3	2	2	
3	1	1		1	1	3	1		2
3	1	0	3		2	3		1	3
			3		1			2	2
	3	2			3	3	2	2	

Solution on Page (171)

Easy (37)

```
3 2 2 2 3 . 2 . 3 .
3 . . . 0 2 1 2 2 0
3 . . 2 2 . 2 2 0 .
2 2 2 1 1 . 2 2 3 .
2 1 . 2 . . 2 . 2 1
2 1 . . 2 0 0 2 3 .
1 . 1 2 2 1 1 . 2 2
3 . 2 3 . 1 2 . 3 .
. 2 . 2 . 2 2 1 1 2
3 2 . . . 2 3 3 2 2
```

Easy (38)

```
3 2 . 1 3 . 3 3 2 .
3 2 . 1 2 2 . . 2 2
2 . 2 . 1 2 3 . 3 0
. 3 . 2 2 3 2 1 . .
2 2 1 2 . 2 . 3 . .
3 1 1 3 2 2 2 2 1 3
3 . . 2 2 1 2 3 1 .
. 0 2 . . . 3 . 3 1
3 2 . . . . 0 3 1 2
3 . . . 3 1 1 . . .
```

Easy (39)

```
. . . . 3 . 1 2 2 2
3 1 . . 2 2 . 1 1 3
3 1 2 2 0 3 . . 2 2
2 . . . . 3 2 2 3 2
2 . . . 1 . 2 1 1 2
3 . 3 2 2 3 2 . 2 3
2 1 2 . 2 2 . 2 2 .
2 1 . . 2 . 2 3 . 2
2 1 0 1 2 . . 2 . 1
. . 2 . 2 . 3 2 2 3
```

Easy (40)

```
. 2 . 3 . 3 . . 2 .
2 3 2 3 . 1 . . . 3
2 1 . 2 . 2 3 . . 3
3 2 3 2 . 1 1 . 1 3
. . 1 . 1 . 2 3 2 3
3 2 1 0 1 2 . 2 . .
2 1 3 3 . . 1 2 3 3
. . 1 2 . . 2 2 1 2
1 . 1 3 2 1 1 . . 3
3 3 3 2 . 2 3 2 . .
```

Easy (41)

```
3 . 2 . . . 1 3 2 .
3 2 2 1 2 2 . 3 . .
3 0 3 2 . . . 2 2 2
3 . . 1 . 2 2 . . .
2 1 . 3 2 . 1 2 3 .
2 3 . . . 2 0 1 . 1
2 1 . 2 2 . 2 3 . 1
2 1 1 . 2 3 . 2 . .
2 2 1 2 0 2 1 3 . .
2 2 2 3 1 . . . 1 .
```

Easy (42)

```
. . . . . 2 3 1 1 2
3 3 2 2 1 0 3 . . 2
. 2 2 1 . . 3 1 3 .
. 2 1 2 3 1 3 1 2 3
. . 2 . 2 2 2 2 2 2
. . 1 . 1 . . 3 2 3
. . 2 . 3 . 2 1 2 1
. . 2 2 . 3 2 2 . 2
2 2 1 3 2 2 . . 2 2
. 3 3 . 2 . 2 3 2 3
```

Solution on Pages (171-172)

Easy (43)

3	2	3	2	3	2	2	2		3
	2	2	3	2		2	3		
2	3		2	1	3		2	1	3
1				1	2	2	3		2
1	1	1	2	2	2	1	2	2	2
2		2	2	2	2	1		1	2
					2		1	3	2
2		2	1	3	1		2	2	
	2	2		2		2			3
	2		1	3	2	0	1	2	3

Easy (44)

	2	3	3	3		2		1	
	2	2	0		2	2	2	0	1
1	1	3		2	1		2	2	
		2	2		2	3	2	2	
	2	1	3	2		1		3	2
	2	2	1			1			1
	1	2	2		2	2	3		
	2	2	1	1		1	2	1	2
2	2	1			3	2	2	1	2
3	2	2	3	2	2				2

Easy (45)

3				2	3	2	2	2	
2	1			0	2		2		1
3	2	3	1	1	0	2	2	1	1
2			2	2	2		2		2
	2	2			3	2	3		3
3	2	3	2	0	2	1	1		3
2	1			2	2	3			1
3	1	2		2	2	2	2		1
	2			2	2	1		3	
3				1	1	2		2	

Easy (46)

	3	2		3	3	3	3	2	3
1			0	1		0	2	1	
3	3		2	3	2	3	1	2	1
2	2			2	2	2	2		2
2		2			2	1			2
2	2	2	2		2	1			3
3	2	2	1	1	3	1	2		1
2	1		1	3		1		2	1
	3		0	2	2	2	3	2	
		2			2		2	1	3

Easy (47)

	3	3	2	2	2		2	2	2
2			1		0	2		2	1
3	2			3	2	2	0	3	
3	1		2	2	1		2		
2	2			1	0	2	2	1	
2	2	2		3	2	2		2	2
	0	3		3		2	2		2
	3		1	3	2			3	
	2	2		1	0	2	1	2	
	2		1	1		3	2		3

Easy (48)

1	3				2				3
2	2	3		3	0	3			1
2	1	2		2	2		2	3	
	2		2	1	2				0
	1	1	2	2	2	2			1
3	2	2	3			2	3	2	3
2		1	2	0	1	0		1	2
3	2	1	3	2	0		1	1	1
	3		1	3			2	2	1
3	2	2			1		2	3	1

Solution on Page (172)

Easy (49)

3			2	2	3		3	3	3
2	3				3	1	2	2	1
1	1				2	2	2	3	2
1		2	1	2	2			2	2
	2	2	3		1	3		3	1
	3	2	0	3		3	0		1
2		0		3	1		2		1
2		1	0		1		0	2	2
	2	3	3		2		2		2
3					3		3	2	

Easy (50)

	2		2	3	1	3	1	2	
	2	2	2	2	2			2	2
2		1	2			3	2		
2	2	2	2	1	1		2		
2	3	1		2		2	1	1	
2	3	0	2		2	2	1		2
	2		2	2			1		
		1	2		2		3		2
2	1		2	2	2	1		1	
	2	1	1		2	2	2	3	1

Easy (51)

2	2	2	2	3	3	3		3	2
1	1		2	1	1	1		1	3
	2	1	1		2			2	1
2	1	1	0	2	1		3	2	3
2	1	2	2		1	2			2
1					2	2		2	2
3	3			2	0	2			2
	2	2			3	3	2	3	0
			2	1	1	2	1	2	
3	3	2			2		1	1	

Easy (52)

2	2	2	2	3	1				3
1	0	1	2			0	3		
1	1	2	3			3	2		2
3	2				1	2		3	
2	1			2	1			1	
3		2		3	1		3	2	
2	1	1		1	1		1	0	2
3	1	1	0	1	0	2	2	2	
		3	2	3		0	1	2	1
2	3	2	3	2	2	1		3	3

Easy (53)

1	3		2		2	1			
2	1	2		2	2	3			3
2	1	2	2	0		2	2		3
1	1		3	3	2		2	0	2
	2		1		1			1	
		1	2	2	2	2	2	1	2
		3		2		3	2		3
2		2	0	2	2	2			3
	3	2			1	3	2		3
		2		3	3		1		3

Easy (54)

2	1	1	2		2	2	2	3	
	1	1	3	2	2	3		2	2
			3	2	3	1		3	2
		1	0	2	1	3	1		3
2	2	1	1		2		1	3	2
2				2	1	3			
	2	3	3	3	2	1	3		
	2	0	2	0	2		1		3
2		2		2	3	2	3	2	2
	2	2	2	3	2	3	2	3	1

Solution on Page (172)

Easy (55)

	2	3		2	2				
	2	3	1	1		2	3	2	2
2	1		1	0	1			2	2
2		2	3		2	3	3	3	3
1	1		2		2	0		1	1
		2		2	1		3	2	2
2		1	2		3	2			
2	3	2		2				2	
			1	1	0		2	3	2
	3	2	2			3	3	2	2

Easy (56)

1	3	2	0	2	3	3	3	3	3
1					1	2		2	
	2			1	3	2	2		
3	1				1	2	3	2	3
2	2					3	2		
2		2	3	2	1	1	2	1	3
1	2			1	3	3	3	3	2
2		2	3	2				1	
		2	2	1	2		1	2	2
	2	3	2	3	2	2	3		

Easy (57)

3	2	3			2	1			
3			1		1	1	3	2	
2		1	2	1			2	1	1
2	3	3			0	2			
	2		1	0	1	2			2
2	2	2		2	2	2		3	
3	2		2	2				1	2
3	0		1	2		1	2	1	3
3	2		2	1	2	2	3		
3	2	2		1	1	3		2	3

Easy (58)

		2			1	1	1	2	
2	3	2	0		2				3
		1	0		3	2	2	1	2
	2		1		1		1	0	1
2	1	1	2	3	3	3	2	0	2
2		2		0		1	3	2	3
3		3	1	1				1	3
	1	2	2	2		2	1	3	
2		3		3	1	3	1		2
		2	2	2	1	3	2	3	3

Easy (59)

1	3	3			1	1	2		
1	2		2			1	2		2
1	1			0	2	2	3	2	
3		2		1	1	2	2	1	
2	3			0	0	2	3	1	2
2	2	0	3		1		1	1	2
2	2	2	2	0			2	3	2
	3					1	0	2	3
1	2	1	1	2	0				
3	2		3		3		2	3	1

Easy (60)

3	2	2	2	2	2	1		3	3
2	2		2		3		1	2	2
	2		2	2	2	1	3		2
			2	2	2			2	1
		2	1	2		2	3	2	3
2	2	1		0	1		2		2
2		1	3	1		2	0	3	
3	2	3	2	1		1	1	2	2
3		2	1	0	2		2		3
3	2	2	2	3			2		

Solution on Page (172)

Easy (61)

```
. . . 2 3 1 2 2 2 3
3 . 3 1 2 . 2 2 . .
3 1 1 2 3 2 . 3 3 3
2 . 1 . 2 . 2 0 2 .
3 . 1 2 1 2 . 2 . 2
1 . . 1 2 2 2 0 . 3
1 0 . 1 3 1 3 . . .
. 3 3 2 . 2 1 3 1 3
. 2 . . . 1 . . 1 3
3 . 1 2 2 2 1 . 2 .
```

Easy (62)

```
. 2 . 2 1 0 2 . 2 .
. 3 2 . . 2 . 2 . .
3 1 3 2 2 . 2 3 2 2
2 1 3 1 3 2 . 2 1 2
. . 2 2 2 . . . 2 3
. 1 2 3 1 3 2 . 1 3
3 2 3 2 . 2 . 1 2 2
2 . 1 1 1 3 1 1 . .
. 2 . 1 . . 2 2 2 .
. 2 . 2 3 3 2 2 . 3
```

Easy (63)

```
1 . 2 2 2 3 . 2 . 2
1 . 2 . 2 3 1 2 2 2
. 2 . 2 2 2 . 2 3 3
2 3 2 1 . . . 1 . 2
2 . . . . . 3 2 2 2
1 3 . 3 2 . 1 1 2 2
. 2 . 1 2 3 1 2 3 .
. . . . . . . . 3 0
3 . 2 2 2 2 . . 3 3
3 2 2 3 2 3 3 2 . .
```

Easy (64)

```
3 . . . 2 3 2 2 3 1
3 1 2 1 3 2 3 2 . 0
2 . . . 1 1 2 0 . 2
2 3 1 1 1 2 2 1 1 .
. 3 . . 1 . . 2 . 3
. 1 1 . 2 1 2 . . 2
. 3 3 3 2 . 2 1 2 2
2 . . . 2 2 3 . 2 .
3 2 . 2 3 . 2 0 2 .
. 2 2 . 2 . . 2 . .
```

Easy (65)

```
3 . . 2 1 3 2 . 1 3
. . 2 2 1 3 0 . . 2
3 1 1 2 . 3 1 2 2 2
2 2 . . . 2 2 . . 1
. 1 2 1 1 2 2 2 . 2
. 1 3 2 . 3 2 3 1 .
2 1 1 . . 2 1 2 3 .
2 2 . 1 2 2 3 . . 2
1 2 1 . . 2 3 1 . 2
1 . 2 3 . . 2 2 2 .
```

Easy (66)

```
. 3 3 3 3 2 2 2 2 .
1 . 0 2 1 2 2 . . 1
3 . 2 3 . 3 2 3 . 2
2 1 3 . 2 1 . 2 . .
. . 2 . 3 2 . 1 1 2
1 2 1 2 2 1 1 . 1 .
2 3 3 . 3 . 3 3 2 2
. . . . 2 1 2 . 3 .
. . 2 2 1 . . 1 2 .
3 2 3 3 3 2 3 2 2 .
```

Solution on Page (173)

Solution on Page (173)

Easy (73)

```
.  3  3  3  3  2  2  3  1  .
2  .  1  .  0  .  .  2  2  .
3  2  2  .  1  .  1  3  .  .
3  .  .  1  3  .  .  2  .  2
3  2  1  1  .  .  2  .  2  .
3  2  2  2  3  .  3  2  0  3
1  1  .  2  2  1  1  3  .  3
1  1  .  2  2  3  2  .  1  3
3  1  .  .  3  .  .  2  .  2
.  3  3  2  .  1  2  1  .  3
```

Easy (74)

```
1  2  2  3  .  .  2  3  .  3
2  .  .  .  .  3  .  2  1  .
.  3  .  2  2  3  1  3  .  .
2  1  .  2  2  .  .  2  .  2
.  2  2  2  .  .  2  2  2  3
3  2  2  3  .  3  2  1  1  3
3  1  2  1  1  .  1  .  2  1
.  1  2  2  .  .  3  2  2  1
0  1  .  2  2  .  3  0  2  3
1  .  .  .  3  1  2  3  2  1
```

Easy (75)

```
3  1  2  .  3  2  1  3  2  .
3  .  1  2  2  2  3  2  .  .
.  .  .  .  3  .  .  0  2  .
2  .  2  .  3  1  0  .  3  1
3  2  1  2  .  2  1  .  2  2
2  2  .  .  .  2  .  3  .  3
3  1  2  3  2  2  2  2  2  3
.  3  2  .  .  2  .  2  0  3
2  .  1  3  2  3  1  2  2  .
1  2  .  2  .  3  .  .  2  .
```

Easy (76)

```
3  2  1  1  3  2  1  1  1  .
2  1  .  2  1  2  1  1  .  2
3  1  1  2  .  .  2  3  .  0
3  .  .  1  2  2  1  1  .  1
.  .  .  1  2  3  2  2  1  .
.  2  3  .  .  2  2  .  1  .
2  0  2  1  .  2  3  2  2  2
2  .  3  2  1  2  .  2  2  1
2  2  2  2  .  2  2  .  .  2
.  2  .  .  .  2  3  3  1  .
```

Easy (77)

```
.  .  .  1  2  2  .  .  .  3
2  3  2  1  3  .  3  2  .  2
1  .  .  1  3  .  2  2  3  3
.  3  2  .  2  2  3  1  2  2
1  2  2  .  .  3  .  .  .  2
2  2  2  2  .  3  .  2  3  3
.  .  3  .  2  2  1  1  2  .
1  2  0  .  2  2  .  2  .  2
2  3  2  2  3  .  .  1  2  .
.  2  3  .  .  2  2  .  3  3
```

Easy (78)

```
.  3  2  1  .  1  1  2  .  0
.  .  0  1  .  2  .  1  2  2
2  2  2  1  2  2  2  .  2  3
.  2  .  2  1  2  .  2  2  2
2  .  2  3  2  .  1  2  .  3
2  .  1  .  2  .  .  2  .  2
2  1  1  .  .  .  .  3  .  3
3  1  0  2  .  .  .  .  .  3
2  .  2  3  2  2  1  .  0  2
.  .  2  2  3  2  3  3  .  2
```

Solution on Page (173)

Easy (79)

	2		2	3	1	2	2	2	2
					2	2	2		3
	2	2	2		1		3		2
2	0	2	1		2		0	2	2
3	3	3	2	0	1		2	3	2
1	2	1			2				3
2				0	1	2	3	1	2
1	2	2		1	2		2	1	
2				2	1	2	3		3
3	1	2	3				1	2	3

Easy (80)

3		1	1	3	1			2	
		2	2	3			2	1	2
		2					2	2	
1	1	1	1	2	2	2	3	2	
	2	1	1	2	2		2		2
1	2		3	1	1	2	1	2	3
	3	1	3	1	1		2	3	2
	2	2	2	0	1	2	0	2	2
	3		3	2	2	2	3	3	2
					1	0			3

Easy (81)

3	3	3	2	0	1	2	2	2	3
2							1		2
		2		0	2	3			2
2		1	2	3		2	2		
	3	2	2	2	1	2	1	1	
2	2		2					3	2
3	1	2	3	2	1	2	3	1	3
		2	2	1	2	0	2	1	2
	3	1		2					2
2	3	2	2	2		2	2	2	

Easy (82)

	1		3	3	2	1	2	3	2
2	1	0		1		2		1	2
		3		3	2	3	2		3
				2					2
2	3	2	2		3	0	2	2	
2		2	3	1	2		2	2	
2				1	0	2	1		
3	1			1	1		3		2
3		2		3	2	2		2	
	2	2	3	2	1			3	

Easy (83)

		2	3	3	3	2			
3		1	1			1			3
1	2	1		3	1				
2	2	1		1		1	3	1	3
	1	0		1			2		2
	3	3	2	1	1			2	2
2	0		1	2	2	3	2	2	1
			1	1	0		1	2	1
1	1	2	3	1	2	3	1		3
	1	1		2			3	2	1

Easy (84)

	2		3		2	3	2	2	2
1	1		1	1		2		1	2
2	2	3		1	2	0		1	3
2		1		2		1	0	0	
2	2	1	3	2	3	1	0	1	3
	2	0	2	2	2	0	0	1	2
1	3	1	1		3		1	3	2
2	2	1	3	2	1		1		
	1	1		3	1		1		2
	2	3	2	2		3	3		

Solution on Pages (173-174)

Easy (85)

	2			1		1	2		
2		2		2	2	2			1
2		1		2	2	2	1		
3	2		2	2		1	1	0	2
2		1	2	2			2	3	3
3	3	2	3	2	2	2	2	2	
		1		2	2	2	2	2	
3	2	1	1	3	2		2	2	2
2			2	2	1	3	2	2	2
3	2	2	1		2		2		

Easy (86)

3		3		3	2	2	2	1	3
1		0	2	0		2		1	3
	3	3		2	3				2
1			2	1				2	2
2		3	2	1		1	3	2	
			0		2	2		1	2
	3	1			1	2	1	2	
	2	2	3	0	1	3		3	3
		1	3	2	2			1	2
3	2	2	2	1	3	3	2		3

Easy (87)

2				1	2			2	3
3	2	2	3	2	3				
		3		1	2				3
3	2	2		3	2	2	0		1
	2		2	1	2	3	2	3	3
2	0			2	3		1	2	2
	3	2	2	1	3		0	2	2
	2	2	2		1	1	1	3	2
3	1		1			3	2	2	
	3	3		2	3			2	

Easy (88)

2		3	2		3	3	2	2	3
	2	1	1	2		0	1	1	2
	2		1			1		2	2
2	1	2	2	1			3	2	1
3		2	3	2	3	2	2	2	2
			3	1	2		2		2
2	2		2	1	2	2		2	2
3	2	2	3		3	2			3
2			2		2			2	
			2	2		2	2		3

Easy (89)

3	2	0	0		3	2	0	2	
2	2	1	2		1			2	
2		3		2	2			2	
2	1				1	2	2	1	
	1	1	0		1		2	3	3
		2	2	3	2	1	3	1	2
1		2	2						
2	2	2	1	2	0			3	2
2	2	3	2	2			3	0	
		0			1	2	3	3	3

Easy (90)

2	3	2	0	2	3	3	3	3	
3	1		2				1		2
2	2								1
3	2		2	2	2	3	3	3	2
2		2	3	2	3		2	1	3
2			1	1	2	1	3	2	2
3	2		3		2	1	2	1	
2	1	2	2	1					3
	1		2			2	1	1	2
	3	3	3	2			3		2

Solution on Page (174)

Easy (91)

		1	3	2			2		
	3			0	2	3	2		2
	1	2	1	1	3		1		1
2			2	2	3	2	2	3	2
2		1			1			2	2
2	1	2	3		1		1		
3			0	3	1	3	1	2	
3			2				2	2	3
3			3	1	0	2	2		
3	2	1	1	2	3	2			3

Easy (92)

			3		3	3	2	3	2
3	2	2		1			2	1	2
2			3	1	2			1	1
3	3	1	1	2	2	1	2	1	2
1	2	1		3				3	
	2	1	0	2	1			1	2
2				2		2	3	0	2
	3					2	2	1	
	3		1	2	2	1	2		2
3	2	0			3	2	1	0	2

Easy (93)

2		2	3	2		2	2	2	3
3	1	1	2				1	1	2
3		2	1		2	0	1	3	2
2				2	2		0		1
	2	2			3	3	1	1	
2	3	2			1				3
2	1		2	2	2		1	1	1
3	2		1	2			3	3	3
2	2	2	2	2		1	0	2	1
3			1	3	3	2	1		

Easy (94)

3	3	2	2	2	3	3			2
2	2		3	2	2	1	2	3	
2	2	2	0	2	3	1			1
		2		3	1	2			1
	2	1	2	2			1	1	
1	2	2	2	3				2	3
3	2						3	0	1
	1	2				2	2	2	2
	2	2					1	2	
	2	2	3	2	2	2	2	2	

Easy (95)

			2		3	3		3	2
2	2		3		1	0	1		3
3	2	3	2	1	0	1	2		2
2		2	2	3	2	3	2	1	
1		3	2	1	2	2	2	3	
1	1			2	2	2	2		2
1				1	2	2	2		2
	2	1	3	1	1	1		2	2
	2	2	3	1					2
	2	0	2		2	2		2	3

Easy (96)

3			2			2	3	3	
2									
2	2	2	3	2	1	3	2	3	3
1	1	2			3	1		1	2
2	1	2	2	1	1	1	1	2	2
	2	2	2	2	3		2		3
3	2	2	3	1	2	3	2		2
	2	1	2			3	2	0	
3	3	2				2		3	
2	2	2	2	3	3	2	2	2	2

Solution on Page (174)

Easy (97)

3					2	3	2		1
1				2		3		3	3
1	2	1	2	3	2	3		1	2
2		3		2	0	2			3
	1	2	3	3	3	2	2	1	3
2	3	1	2				1		2
3	2	1	3	3	3	2	1	2	
2		2	1		0	2	2		2
2			3	3	2				2
		2	2	1	3	2	3	3	

Easy (98)

3		1	3	2	3	3	3	2	
1	3		3	1	2		2	1	3
	3	2	2	1			2	2	
2	2		1	0		2	2	1	2
2		3	3	3	3	2		3	3
3					1			2	1
					1	2	1		2
	1	2	2	3	2	3	2	2	
3	2	2			2	2	2		2
	2	2	3	2	2	2	3	2	

Easy (99)

1	2	3	1		3	2	2	2	2
2		2	1	1	2	2		3	3
	2	2	1	1			2	1	
	3		3	3	2		2		3
1			0		1	2	1		2
3			2						2
2	2	2			1		2	2	
3	2		3				3		2
	3	2	1	3	1	2	1		2
3	2	2			2	3	3	3	3

Easy (100)

	2	2			2		3	2	1
3	2		1	3	2	3	1	1	2
2	0	3		3		2	1	1	2
	1	3	0	3	2	3	2	2	2
3	1				0	2	2	2	2
3	1			2	1		2	2	
3			2	2		1	3	2	3
2				3	2				2
2	3	2	2			1		1	2
				3	3	2	2		3

Easy (101)

3	1	1	2		2	2	3		
3	1	1	3	1		2		2	2
3	1	0	3		3	0		2	2
2	2	2	2	0			3		
	3		2	1	2	0	2	2	2
1	2	1	2	3	1	2	3	2	
2		2				2	1	2	2
3	1	1	3	2	3		2	2	2
2	2					2			2
		2			3	2		1	1

Easy (102)

			3		2		3	2	
3	2		2	2	2			1	2
3	0	1	2	1		2	2	2	2
	2	1	2	1		1			2
1		2		2		1	1		3
2				1	3	2	2	2	3
		2	2	2		3		2	2
2		3				3	2	2	
3	1	1	1	2	0	2	2	1	3
2	3		3	3	3	2	2	2	

Solution on Pages (174-175)

(19)

Easy (103)

	2	2	3	2	2		2	1	3
	1	1	2	1	2			2	3
3	2		3	2	3	1	1	0	3
		3	2		3		1		2
3	1	2	1		2	2	3		2
		3	2	1	1	2	1		
	2	1		1	2			3	2
1	3	2	2	1	3			2	0
	1	1	1	1	3	2		2	
	1	2		3			2		3

Easy (104)

2		2		1		3	3	3	1
	3	2	2	2		1		1	2
1		2	1		2		2	1	3
	2		1		2	1	2	2	3
	1	2		3	3	2		0	3
3	1	2		2	2	1	2	2	3
3	2	3	1	2	2	3	2	1	3
3	1		2	3	2	2	2	2	3
3		2			2	1			
		2	3		2	2	2		3

Easy (105)

	2	1	1	3	3		2		
2		3	2	2	1	2		2	2
2	2	2	1	2	2		2	2	
2	2		3		2	3	2	1	2
	1	1	0	2			2		
	2	1				2			
0	2	2		1			2		2
	3	1	2	3	1	0	2	2	3
1	2	3		2	1	1		2	
3				2	2	2	2	2	3

Easy (106)

3	3	3	3	3	2	3		1	3
1	2		2	1		2	3	2	3
	3	3	3	1	1	2	1	1	2
	1			1	2	2	3	2	3
	2				2	1	1	2	2
3					2	2	2		2
3	0	3		1		1	1	1	3
3						3		2	
2	1	1	2				2	2	2
3	3						2	3	1

Easy (107)

	2	1		1			1	2	
		1	1		3	2		2	
3	2	1	1	1	3		2	0	3
2		3	2	3	2	1		2	2
	1	1	1			1	2	2	2
3	1	1	3	2	3	2		2	2
3	1	2		3	2	2	2		2
1		2	1	2			1	3	
						1	3	1	3
3	1	2	2	1	2	2	3		

Easy (108)

	1						2	3	
3	1				2	1	2	0	3
2	2	2		2		3		1	
	3	2	2	2			1	1	3
			2	0	1		1	2	
	3	2		2		3	2	2	3
2	2		2	2	3	2	3	2	3
1	3	1	2	1	1	1	1	1	3
	2	1	2		1	3	2		2
3	2		2	1	2	2	2		3

Solution on Page (175)

Easy (109)

2		2	3	3	3	3		1	3
2				1		1	2	3	
2		2	2			3			
2		2	2		3	2	1		2
		3	2	1	2	3	1		2
2		2		2	3	1		3	
3	1		2		2		3	1	
2	2	3	2	3		1	2		
2			2	0		0	2		
3	2		2		3		2	1	

Easy (110)

3	2			2	3	2			
	2			2	2	2		0	3
3		2			2	3		1	2
2		3			2	1	0		1
2		2	1	2	1	0	0		2
		3	1	2	2	1		1	2
2			2	1	2	2		2	3
3	2	3	2	2	3	1		2	1
		2		2		2	2	2	2
	2	3	2	3	1		2		3

Easy (111)

3	2		2		3	2	2		3
2	3			2	2			2	
2	1	2		1	2	1	2	2	3
1		3		1	2	2	3	2	
2	1	1		2		1	1	2	2
	3		2	2	3	3	1		2
3	2	1	1	1		1	2	3	
1	2		2	3			2	2	
	2	2	1	3		2	0		
	2	2	2	3	2	3	3	3	3

Easy (112)

			1		2	3	2	3	
3	1	3			3	1	2	1	
3		3	1	1	3			1	
2				2			2	0	3
1	3	1	2	0		1	3	2	
3	1	2	3	2			2		
3	2	3	1	2	1	2		3	
3	0				2	3	2	2	2
3					3	1	2	2	2
3	1	3	1	2	3	2	3	2	

Easy (113)

	2	1			2	2	3	2	3
2	2	2					2		2
2	2	2			2		1	1	2
2	1				3		3	3	2
2	3	2			1	2			0
1	3				2	3			2
		2		2	2	1		1	2
	2	3		2	2	2		2	2
	1	3	1	2	2	2		2	2
3	2	3	1	2	2	3	2		2

Easy (114)

	2	3	1	3	2		1	2	2
	2			3	1	3	2		
1			2		1	1			
	3	0	3		1	0	2	2	3
1			2	2	3			1	1
1	1	2			2	2	3	3	2
3		2		2		1	2	0	3
2					1	1	2	3	2
2	2			2			2		3
3	3	3	3		2	2	2		1

Solution on Page (175)

Easy (115)

2		2	3	3	2		2	3	
	3		2	1		2		1	2
2	0	2				1	1		2
	2		1	2					
2	1						3		1
2		2		2	1	1	2	3	
1	1		2	3	2	3	1		1
1		2	1		1				3
1	2	1	1	3	2	2	2	1	2
		1			1	2	2	2	3

Easy (116)

	2	1	2	2	2	3	3	2	
	2	2		3			2		
	2			1		2		2	2
	1		3	2					1
3	3	2			3	2	3	3	2
	0	2			1	2		1	2
	3	3	3	1	1		3	2	2
2		1	1	2	3	3		1	3
3		3	2				1	1	
	2			2	2			2	3

Easy (117)

	2	2	3		3	2	3	1	
2		2	1	3	2		2	1	2
3				2	1	2	3	2	2
3		2	1	1	3		2	1	
3	1		1		2				
3	1			3	1	2	2		3
3	2	2	0	2	2		3	0	3
3	1		1		3		2		3
2			2	0		1	2		3
3		1		2		2	2	2	2

Easy (118)

3	2			2	3	3	3	3	3
		2		3	1	2	1		2
1	2	2	1	2	2	2		1	2
3	2	3		3					3
2	1	2	0	2	1	2	1	1	2
	2		3	3	2	3	2	2	3
	1	2		2		2	2		3
2	1	3	2		1	2		3	2
2		3			3		1	2	0
		3						3	1

Easy (119)

	3	2	2		2	0	1	2	
	0	2		1		3	2	1	
	1	2	2	3	1	2	1		3
	2		3	2		3	2	1	2
	2	1		3		3	2	1	2
2		1		2	1	2	1	2	2
	3	3	2			2		2	2
2	1			2	1	3		2	2
	2		2	2	1	3	1		2
	2	1	1	2	2			2	

Easy (120)

3	2	3	2	3	3	3	3	2	3
	2		1		0	2	2	2	
	2		0	0		2	2	1	
	1					2	3	3	2
1			2	3	2	3	1	1	2
3				2	1	1	1	1	
	2	2			3	2	3	1	
	2			2	1	2	2	3	
3	2	2	2	2	2				1
3	1			2	2		2		3

Solution on Page (175)

Easy (121)

```
   3 2     2 3     1 2 3
 2 2     3 1     1 2 2 2
 2 3         3 2 3     2
     0 1 1     1 2 3 3
     2 3 3 2 2
 2 2     0 1 0 1 2 3
 2 2 2 2     1 2     1
 2 3 2 1     2 1       3
 2     2 2         1 1   1
 3     1 3 2 3 2 2 2
```

Easy (122)

```
   2             2 3 3
       2 3     3 0     2
 3 1 2 1 2 1 3 2 3 2
 3 2     1 1 3 2 1 2
   1         1 1     2 1 2
   2 1         3     1 2
 0 3     1 2         1 1
 2         1 1 2 1 1 1
   2         2 3 2 2 3 2
 3 2 0 1 3 2     2     2
```

Easy (123)

```
   2       3     2 2
 2 1 2     1 2 2 1 2 1
   1 2 3 2 3     3
 2 1         2 2       2 2
 2 2 3 2     2     2 2
 2     1 1 2 0 2 1 3
 2     3 2 3 3 1 2 3
 2     1     1 2       3 2
         3 1 2     1 1
 1 1     3     2 2 3 3 2
```

Easy (124)

```
 3     2     2     1 2 2
 2     1 1 2 3 2     1
   2 0 0 2     1 2 3
 3 3     2     2     2 2 2
 2 2 2 3 2         2     2
 3 1 1       1
 2     2     2 2 1     2 1
 1     3 2     2     1 1
 2     0     2 2 1     2
 3 2 3 3 2 0     3 3 3
```

Easy (125)

```
   2     2         3     2
 2 1     2     2 3 2 3 3
 2 1 1 2 1 1     1     2
 2 3 2     2     1       3
 2 2 0 3         2 3 2
     2 3 2 3 2 2 2 3
 2 1 1 2         2 2     2
 3 2 2 3 2 3 2     2 2
 2     2 2     2 1 2
 2 2 2 2 3         2 2
```

Easy (126)

```
 1 1 2 3 2     2 2 2 3
 3 1         2             2
 3     2 2     1 1 1 2 2
 3 2 1 1                 2
 2 2     3     1 2     2 2
 3 2 1 2         3     3 3
 2     2 2 2     1 1 0
       1 3 2 1 2     2 3
 2 1     0     2 1 1 1
   2 3 3 3 2 2         2
```

Solution on Page (176)

(23)

Easy (127)

2	2	3	2		2		3	2	
	3	1	1		2		1		3
	2	2	2	2			1	1	3
3		2		1		2	1		
3	2	2	2			0	1	2	
	2	0	0	1	2	2	3		2
3		1		1	2		2	2	
		3	2	2	1		3	2	1
3	1	1	2	3	1	1	1	2	
		3		1	3	3	2	1	

Easy (128)

	2	3	2	2	3	2		1	
2			2	2		2	3	2	3
		3	2	3			2	1	3
	2	0		2			2	3	
2		2				1	3	1	3
2	2	0	2	2	1	3	1		3
3	3			3		3		1	2
2	2	2	2	2		3	1		2
2	2		3			2	2		2
3			2		3	2			2

Easy (129)

		2	2		2	2	2		3
2		1	2	2	1	1		2	
	1		3	3	1				
	1		1	1	2			2	
2	2	1	2		3	1	2	1	
2	2	2	2	2	1	2			2
2		2			2	3	1	2	1
1	3			1	2		3	3	2
3		0	1	1			2		2
1	2	3	3	2	3		3	2	2

Easy (130)

2	3	2	3			2	3	2	
2		2	2	3	2	2			
2	3	2	1		2		3	3	
			3			1	1	2	
1	3	2	2	1	2		2		2
	2	2		2		2	0	2	3
3	1	3	0	3		3		3	2
2	1	2	2			2	2	2	2
2			1		2	2		3	
	1	2	2					2	3

Easy (131)

3		3		2	1	2	3	3	3
2			2	2	2				1
1	2		2	2	2	2		3	2
3			3	1	1	1	2	2	
2	1	1	2	0	1	1		2	
3			3	3	3	1	2	2	2
2		1			1	2	2	2	3
2	2	2	1	0	2	2	1	1	
			2	2			2	2	2
2	2	2	3					2	

Easy (132)

	3			1	2	3	2		3
2				3	2	1		3	2
2		2	1		1	3		2	2
1	1	2		3	3			3	3
		3	2	1	2	1		0	2
2	2					1	3	2	
1			2	2	3	2	3		2
		3	1			1	1	2	1
	1		2	2	3	2	2		2
3	2	3	2	1	3	2		2	

Solution on Page (176)

Easy (133)

3				3	2		2		2
2		1	2	2	2	2	2	3	
2	3	2		1	1	2		2	
3	2	0	1	1	1	2			2
2	3	1		3	3	2	2		3
3			2	0	2	1	2	2	
2	3	2	2	2	3	3	2	2	3
3	2	0	2	2	0	2	1	3	
		2	2	3	2	3	1		1
3	2	2			2				3

Easy (134)

	2	3	2	2	2	3	2	2	
	1	1			2		2	2	2
	2	2		2	3	2	3	2	3
	2		1	2		1	1		2
			2	2	2		2		1
	2	3	1	1	2		0	2	2
	1	2	2	1			1	0	
	2		3	1			1		
3				1		2	1	0	2
3	2	2	2	3			1	1	

Easy (135)

		2			3	2	2	2	
1	2	3				1	2		
1	1	2	1			2		2	
1	2		2	2	2	2		2	3
2	1	2	1	2	1	1	3	2	
2		3	3	3	1	0	2	1	3
	2	0	2		1	1		2	
	1	1	3	2	0		1	1	3
2		1	1	3		3			2
2		3	2	3	2	2		2	0

Easy (136)

	2	3	2	2	1	1	1	1	
2	2	1		3	1	0	1		2
2				1	1		2		0
3				3	3	2	2		0
3	1	1		2	2	1	1	2	1
3		2	3	2					1
	1	1			1	1	3	2	2
2	2					1		2	2
1	2	1	2				2	2	2
0	2	3		1	3	1	3		3

Easy (137)

	3	3	2					2	
2	1	1	1	1	2	3	2		3
3		3	3	2				1	3
2	0	1	2		2	1	1	1	3
	1		3			2			3
2	2		3	1	2	2			2
1	2		3	0	1	2			0
2	1			1	2	2	2	2	1
3	1				2	2	2	1	2
	2		1	1	1				3

Easy (138)

	2		2		1				
2	2		2	0	1	3		2	2
1	2	2	2			2			3
1	1	3	1	1	3	2	3	1	2
2		3	0			2		0	1
3			3			2		2	2
2	3	1	2	1			0	1	3
3	2	1	3	2		1		1	2
2		2		2		2		1	3
2			2	3	2			1	1

Solution on Page (176)

Easy (139)

```
2 . . 2 3 2 . 2 . 3
3 2 2 2 2 1 3 . . 2
2 1 . . . 2 . . 2 .
2 2 . . 2 0 3 2 1 3
3 2 1 . 2 2 . 2 2 3
. 1 2 3 . . 3 2 3 1
3 1 . 1 1 2 . . 2 3
3 . 3 2 . 2 . . . 2
3 . 2 2 2 1 2 2 2 3
. . 1 1 2 . . 1 . .
```

Easy (140)

```
. 3 . . 3 . . 1 2 3
1 1 1 2 2 . 2 2 2 2
2 . . 3 2 3 . 3 . 2
2 . . 1 0 2 0 2 . 2
3 1 0 1 1 . 2 . . 3
3 . 2 . 2 2 3 2 . 3
3 1 3 1 2 . . 1 . 3
. 1 3 2 1 2 2 . 2 3
2 2 . . 2 2 3 2 2 1
. 2 1 . 2 2 3 . 3 2
```

Easy (141)

```
. 1 1 2 3 2 . 2 . .
. 3 2 . . 1 . 2 2 3
. . 0 0 . 2 0 1 1 .
2 . 2 2 2 2 1 1 3 .
. 2 . 1 1 2 1 . 2 2
. 2 2 3 . 2 1 3 2 3
2 . . 1 2 1 . . 2 2
3 . 1 3 2 1 2 2 . 3
3 1 1 2 2 2 1 2 . 2
. . 2 . . 2 2 2 2 2
```

Easy (142)

```
2 3 2 3 2 2 3 . 3 .
. 1 1 . 2 2 1 1 2 2
3 2 2 1 1 . 2 . . 2
. 1 2 1 1 . . 1 1 .
. 2 2 2 2 . 2 . 1 3
. 3 . . . . 1 3 1 .
. 1 3 3 3 2 2 . . 3
3 1 2 0 2 1 2 3 1 3
2 1 3 2 3 . . 2 3 1
2 2 . . 3 2 . 1 2 2
```

Easy (143)

```
3 . 3 2 3 2 3 1 2 .
. 2 . 1 . . 3 2 2 .
2 . . . 0 . . 1 1 2
2 . 2 3 2 3 . . 2 .
. 1 . 1 1 2 . . 3 .
2 . . 2 2 1 2 1 . 1
3 . 1 . 2 3 2 . 2 .
1 2 . 3 2 2 . 1 1 3
. 2 . 2 0 2 . 2 2 2
3 2 2 2 3 2 2 2 2 .
```

Easy (144)

```
. 1 1 3 3 2 . . . .
. 2 2 . 2 2 2 2 2 2
2 . 2 1 2 . 2 2 1 2
2 1 . 2 3 . 2 1 0 3
. 3 2 1 1 . . 3 . 3
1 2 . . 2 2 . 2 1 2
2 . 2 2 2 3 . . . 2
. 3 . 3 1 1 2 . . 2
2 . 1 . 2 1 2 2 . 1
2 3 2 3 2 . 2 2 3 3
```

Solution on Pages (176-177)

Easy (145)

1	2	3	4	5	6	7	8	9	10
	1			2	2	2	1		
1	0	1	3	2		1	0	0	3
	1	2		2			1		3
2	2	2	1			3	2	2	3
	1		2	2	0		2	2	2
3	2	2	1				1		
2	1	1		2	3	3			
3	3	3	2			2		1	2
1	1			3		2	1		1
1		2		1		2	2	2	

Easy (146)

1	2	3	4	5	6	7	8	9	10
1		2	2				2		3
3		0	2		3		2		
2		2	3		1	1	3	2	3
3	1	0			1	3	2	0	3
	1			2	2		3	2	3
2	1	1	3	2	2	2	2	0	3
2	3	3	1	1		2	3	2	3
3		2	1		2	2		1	2
	2	2	2	1	2	3	2	3	2
2						1		2	3

Easy (147)

1	2	3	4	5	6	7	8	9	10
1		2	3	2		3	2		
2	2	1	2	2	2	2			1
3	1		3			3		3	
3			0		1	2	1	3	
2	2	3	3	3	3	3	2	1	3
	2	1				2	1	2	3
2					1	1		1	3
	2		3	2	1		2	1	3
	2	3	1		3	2	3		2
	1	1			3	2			3

Easy (148)

1	2	3	4	5	6	7	8	9	10
	1			2	3			2	2
	2		1	3	2	3	2	2	3
2	1	3	2				2	1	2
		1		2		2	2	2	2
2		2	3	1	3	1	3	2	
	2	0			2	3			1
2				2		0	2	2	1
3	2	0	2			0	1	1	2
	3	2	3	3	3	2		1	1
3	2	2			1	3		2	2

Easy (149)

1	2	3	4	5	6	7	8	9	10
	2		3	3	3	2	3		
3	1	1		1	2		3	2	2
3			2	2		1			
3		2	2		3	0	2		
3	2		3		2		2	2	3
2	2	1	2	1	2		3	2	
	2	2		1		1	1	0	1
2		2	1	0	1	3	2	1	1
		3	2	1	1	2	3		
1	1	3	1		2				

Easy (150)

1	2	3	4	5	6	7	8	9	10
	3	2			0		1	2	3
		0	1		1	3			2
3	1			1	2	2			
3	2	3			2	2	1	1	
2	2	2	2	2		3		2	1
3			1		3	1		1	
3				2	2	2	3	2	3
3	2	1	0	3				2	
1	3			3	1	1	2	2	2
1	3	1	1	3	2	3	2	2	3

Solution on Page (177)

Easy (151)

		0	0	1	2	3	3	3	1
2		2	1		2		2		1
	2	2		1			2	3	2
	3		2		3	0	2	2	3
		1	1	2	2	2	2		2
1		2	1	2	2	2	2	2	3
	3	3	1	1		2		2	3
		2		0		1	1	1	
	3	1		1	1		2		2
		1		2	2	2	3	2	

Easy (152)

		2	3	1	2	2			3
2	2	3				2		2	2
	2	3	2				2	2	2
2	2			2	0	2	1	2	2
2	3				2	3	2		
2	2	0	3			3	2	2	3
2	3	2					1		2
2		1	2		2	3		3	2
2	2		3	1	0	3		2	2
	2			1	1	3	2	3	

Easy (153)

3		1			2				
2	2	1	2	1	2	2	2	1	3
1		2	2	2	2	2	3		3
3	2	2					2	1	3
1	0	0		1		2	3	2	2
	1		3			1	2	1	3
	1	2	1			2	2	2	2
2	2			2	1		2		2
2		2	1			2	2	1	2
3	1	2	2	3	2	2	3	3	3

Easy (154)

		3				2			3
2	1	3		3			2		2
	3	2	1	2	1	2	2	2	3
2	1	2	2				2	2	2
			3	2	3	2	2	1	
3	0	3	1	3		2	2	3	3
	2		2		1	2	2	1	
0	1	2	1	1			2	2	3
	1	3		1	2	1			2
3	1	1		2	3	3	2		

Easy (155)

		2	3	2	2	2			3
2	3	2	3	1	1	1	0	1	3
2	2	0				1		1	2
3	3	2			2	2		2	3
2		1	2	3	2	2	2	1	2
	2	0	1			1	3		3
2		2		2	3		2		1
2		0	3			1			3
2		2	3	2	2	2		2	
	2					3		2	

Easy (156)

2	3	2	3	2		2	3		3
			2		2	3	1		2
	1		1		1	2	2	2	2
3	0		3	1	1	1	2	1	
	1	0		1			3	3	2
3	0	2	2	2	3	3	1		1
	2	3	2	2	0		2		
	1		1	1	0	2	2	2	
2				2		3		3	1
	2	1	3	2		3		2	

Solution on Page (177)

Easy (157)

		2		1					1
1	2			2	3	1		2	1
	3	2	1	1	2			1	2
1	1		2		2	2		0	2
	3		2	1	2	3	1	1	
1		1	2	1	3	2	0	1	3
1	1			1		3	2	3	2
2	3		2	2	2	3	0		2
2		1		2			2		3

Easy (158)

3	2	3	3	3	3	3			
2	1	2				1	0	1	2
	2			3	1		0		3
			2	3	1	3	2	0	3
2		2				1			3
	3	1	3		2	2		2	3
2		2	2		1	2		2	2
2		0	2	2		1	2	1	3
		3	2	2	1	1	3	2	
2	1	2	2			2	2		3

Easy (159)

3	2	2		1	2		3	2	0
2				1	2			2	2
3	1		1			1	1		
2	3	3	3	3		2	3	0	2
		1	1	2	2	2	3		3
			3	2	1			1	3
3	3	2	1	2	2		2	3	2
1		3			1	3	1	2	2
2			1				2		2
3	1	1	1	2	3		3	2	2

Easy (160)

3	3	3	2	2	3		3		
1	2		2	2	2	1	1		2
2	3		3	2	1	1	2		2
		1	2	1	2	1	2		3
2				2	2	2	3	2	3
3		1	1	2	2		2		
	1		2	0	2	3	3	2	3
3	0	1		1	0				3
3			2	0	2		2		3
3	1	2				2	3	2	3

Easy (161)

	3		2	2	3	1	2	3	
1	2	1			2				2
3		2	1	1			2	3	2
1	1	3	2	3		2	2	1	2
	3		1	2				1	2
0	3	2		2	1	2	0		2
1		1	2	2		3	2		2
		3		1	2	1		2	3
	2				3			1	2
2	2	2	2	1				2	2

Easy (162)

3		3	1	2	2			3	3
2		3		0	2	2	1	2	2
			1	0	1	3	2		2
	1		3	1	1		1	2	
2	2	3	1	1	3	2			2
2	2			1	2	3	2	2	
1	1	2		2		1	1	2	3
2	1			3	2	2	1		
3	1		1		1			1	
	2	3	3	2	2	3	3	2	

Solution on Pages (177-178)

Easy (163)

	2	3	3	3			2	2	
2			1	2	2	2	2		2
0	3	2	3		2	1	1	2	
	3		1	2	3		2		2
1	1	2	2	2		2			2
	2	2	2	1			2	3	3
2				2	2	2	3		1
3			2	1	2	1	2		
2	2	1				2	3		3
3		1	3	2	2		2	2	

Easy (164)

	2		2	3	2	1	2	3	3
	2	3		2		1		2	2
2	1		2	2					2
2	2	3	2	1	3			1	
	2	2			2		1	0	1
2		3			2	2	2	0	2
	2	1		2	3	1	2	2	3
	2	3	2	2	2			2	1
3	2	2	2	2			2	2	3
2		1		3			2	2	

Easy (165)

	2	2				1	3	2	2
2			1	2	1	2	2	2	2
2		2		2		2			2
2	2	1		2	3	1	2		3
2	2	2	2	2		2	2	1	2
1	2		2	3		2	1	1	3
0	1	2	2	2	1	2	3	3	
1	0	1	2	2	2	2			1
	2	2	3		2	3	2		
2		2			1			2	

Easy (166)

3		3	2	3				1	
	1		1	3	1	2		3	2
3	1	3	2	2		2	1		0
3		1			3	2	3	3	2
			0	2				1	3
3	2		3	2	3	2	2	3	2
			1	1	2	2	1	2	3
	2	1	1				2	3	2
2		2			2	2	1		2
3	2	2	2	2			3		

Easy (167)

3	2		3	2		3	2	3	
3		1	2	1	2	1	1	3	
3	1	1	1			2			2
3	2		1	2	1	2			2
3		2	3				2	3	1
2	2	2					2		2
2	1	1		1				2	3
3	0		3		2		3		2
3	2	3	0	3			0	2	2
	1					2	3		

Easy (168)

1		3	3		1	2		2	
3			1	2			1	3	2
1	2		2	3	0	3	1		1
	2			2	2		2	3	2
3			2	3	2	3			1
2			3	1	2		2	0	2
2				2	2	2	2	2	3
2		2			1	2			3
1	1				1	2	1		1
2	2	2	3	2	2	3			3

Solution on Page (178)

Easy (169)

2	1		3	2		3		3	
1				1		2		1	
	2	2	3		2	3	2	1	
	2	2	2	2	1		0	1	2
2	3	2	3	1	2	3	3	3	3
1				3		2		1	
3	2		1		1	1	1	1	3
			1		2	1		1	3
3	2		2	2	1	3	3		3
		2							2

Easy (170)

3	1			2	3	2	2		
	1	1		3	1	2	2	2	2
2	0		1	3	2				
2					1		1		2
2			2	1		1	2	1	2
2	2		3	2	2	3			3
3	2	2	0	2		2	1		2
2		3	2				2		2
2	2	0		1	1	2	2	2	1
	3	3		3	3	3	2	3	

Easy (171)

1	1	1	1	2	3	3	2	2	
2	2				1		1	3	2
	2	2	2		2	2	2	2	3
			1	2	2	2	2	2	2
3	2	3	1	3		1	2		3
			2	2	2	2		2	
2		1	1	3					2
3		1	3		0	3			1
2	1	0	2		2	2			2
3	3	3	2			3	3	3	2

Easy (172)

3		2	3	2	0	2	3		
2		2	2				1	2	3
2	2			2		1			
2	1	2	0		2	1	2	2	
2	1		3			2		2	
2	3	1	1			2	3	3	2
3			1	1		2	1		3
3	2	2	3	2	2	3	2		2
2	2	2	2	1		1	0	2	2
	2		3		2	1			3

Easy (173)

	2	1	2	3		2	3	2	1
2			1	1	2	2			
			2	3	1	2	2		2
2	1			2	3	2	1	1	2
	0	1	3		1			0	2
3		1	2		1	2	3	2	
3	0	1	2		2	2			
3	2	3	2	2		1	2		3
3	1	2			2	2	2		2
2	3	2					3	3	3

Easy (174)

3				1	2	2		3	
3		3	3		0			0	2
3	1	1	1		1	1		2	
2		2		3	3		2		
2	2	1			1		3		0
3			3	1	2	2	3		1
	1		2	2	2	1	1	1	
	1			1	2	3		2	
3		2		2	2	2			1
3	2	2	1	3	2	3	1		3

Solution on Page (178)

Easy (175)

Easy (176)

Easy (177)

Easy (178)

Easy (179)

Easy (180)

Solution on Page (178)

Easy (181)   **Easy (182)**

Easy (183)   **Easy (184)**

Easy (185)   **Easy (186)**

Solution on Page (179)

Easy (187)

3	3	3			3	3	3	3	
		0	2		0	2	1	2	2
3	3	3		2	1		2		2
2	1	2	0	2			1		
3						3	2	3	2
2	2	2			2	1	2	2	2
		2			3	3	2	0	2
1							3	3	
1		2			2	1	0	1	1
3	2	1			3	3	2	1	1

Easy (188)

		3			3			1	
2		0	3		2	2	1	1	3
				2	2	2	1	1	3
	2				2			3	1
	1	3	2		1	1		2	2
3					2	1	1	2	
3	1	1	3		3		1		
2			3	0	2	1	2		
2	2	1	3	2	3		2	1	2
3	2	2	3	2	2	3	3	3	

Easy (189)

	2	1	2	2	2	3			3
3			3		1		1	3	2
3			1		1		1	2	1
2		2	3				2	3	3
2	1	1		1	1			0	2
3	2	2			2	2	1	1	
	2	2	2	1	1	2	3	3	
2			1		1	3	1	2	2
	3	2	2	2	1	2		3	2
3		3	1	1	3	3			3

Easy (190)

	2	2	2		3	3		3	1
	2			2		2	0		1
3	2						3		3
2	2	2				2	2		1
3	2	1		1		0	2	3	1
1	3	2			3	2	3	1	1
3	0	2			2	2		3	3
1		2			0	2	1	2	1
2	0	2			2		2		
3	3	3	3	2			2	3	2

Easy (191)

3		1					2	2	3
1	3	2	2	1	1		2	3	2
	2	1		3	2	3	0		2
3	0	1	2	2	1	3	2	3	
3	1	1	3	2		3	0	3	
2	1		2	1	2	3			3
2	2	2	2	1	2	1	1	1	
2	2	3		2	3				2
2	2	1		1	2		2	1	
3		3	3	3	2	3			3

Easy (192)

3	2	1	3	2	3			3	2
	3	2	2	0	2			1	1
	1		2	0				1	1
2	0		2	2	0	0	3		1
2	1	1	1	2		1		2	1
	2			2	2	3	2		1
2	2		1	3	1	2		2	2
	2		3	2	1	3	2		
	3	0	2		1	2	2		
	2			2			3		3

Solution on Page (179)

Easy (193)

1	2	3	4	5	6	7	8	9	10
	2	2	2	2					3
	3	2	3	1	2	1	3		
3	2	0	1	2	2			1	3
2	3	1	2		1	2	2	3	
3	1		2	2		2		1	
	2		2	2	1	3	1		
3	1	3	2	0	1		3	3	3
2	1	2	0	1	1	2	2		2
	2	3	2	3	2	1		2	2
	3	2	3	1			2	2	

Easy (194)

1	2	3	4	5	6	7	8	9	10
	2	2		1	2	2	3	2	3
	2	2	3		2		1	1	2
	1	1	1	1	2	1	1		2
	3	2	0		1	1			
	1		3		1	1			
2	3	2		2	1	1	2	2	3
		1	2		1			2	1
2		2			2		3	3	
2	2	1	2	0	3	1	2		3
			3		3	2	3	3	2

Easy (195)

1	2	3	4	5	6	7	8	9	10
	1	2	2	3	2			1	3
		3	1	3	0	1	3		
2	2		2			2			3
	2	1		2		1			2
3	2	2	1		3	2		2	3
2	1		1			0		1	2
	3	2	3	2	2	2		2	3
1	3			1	2	2		1	2
	3					1		1	
2	3	1	2	3	3	3	2	2	

Easy (196)

1	2	3	4	5	6	7	8	9	10
3		3							
2	1	1	1	3	1	3	2		2
2	3	3	2	2	2		1	1	2
		2		2		2		2	
	2	2	1			2	1	2	2
	1	2		2		1	0	2	2
1	0	1	1	3	2	2		1	3
	3					2		2	
2	2	1	1			2		2	3
	1	2	3	2	0	1	3	2	1

Easy (197)

1	2	3	4	5	6	7	8	9	10
		3	3	2	2	2	3		
3	1		0	2	1			2	3
2								2	1
1		3		2	2	2		0	2
1		1			2	2	3		3
		1		2	1			1	2
3	1	0	2	2	1	2	2	2	3
2	1	2	3		2	3	1	1	2
2	1	2	0	2	0	2		2	2
2			3			3	3	3	

Easy (198)

1	2	3	4	5	6	7	8	9	10
			2		3			2	3
2	3	2		2	3		2	3	
2	1	0	1	1	3		2	2	1
				2	2	0	3	2	1
3	1			2	3	3			1
1	3		3		1	2	1		2
	2		2	1	3	2		2	
	1	3	2	2			2	1	2
	0			2		2	2	3	
	1		2		1	2	2		

Solution on Page (179)

Easy (199)

	1	1	2	2	2	2	2		3
3	1				1			2	3
		3		1	0	2			3
		1		2	1	2			3
0		3		2	2		3	0	3
0	2	2	2	1		1	2	2	
2		1	2	3		2			2
3				2	1	1	2	0	3
3		2	2	2	3	2		2	3
3	2		3		3				3

Easy (200)

2	2		2	1	2	3	2		
	2					1	3		3
	2	3	1	2	0		2	1	2
2	0		2		2	3		2	
			3				2	2	2
1		1	0		0	0	0	2	
3	3	2		1	0	1		3	3
1		1	2			3			
	3	3		2	0	2		2	0
3	1	2	2	3			2		

Easy (201)

		1	2	2	2	3	2	2	
2	3	2	3			1	2	2	
		2	2	3	3	2			2
1		3	1	2	1		1	3	
	2	2	2	3		2			1
3	1	2		0	3	1	2	0	1
3	2		3			1		1	2
2	1		1	1		3	2		2
		3	2	2	1	1			2
3					3	2	3	1	

Easy (202)

		3	2	3	1	2	3	3	3
2	3	2	2	2		2	0	2	2
2	2	1	2	2	2		1		
2	3			2	2	2	1	2	
3		1		1	2		2		1
		3	1	3	1		0	2	2
2	1	2		2		0			
3		2	2	2	3	1		3	
2	2		2	2		2	0	2	2
3			2	3	1			3	3

Easy (203)

			2	2	1	2		2	
1	0	1				1		2	3
	1	1	1	2			1		2
2		3	2	3	0	2	2		
3	2	2	1	2		1		2	
1	1		2	2		2	2	0	2
	2		2	3	1	2		3	
3	2	1	1	2		3	2	2	1
2	2		2	3	2	2	1		
3	2		2	2	2	3		3	

Easy (204)

			2	2	2		2		
1	2	3	2	2	2	3	1	2	1
	2	1	1	2		3		2	3
2				2	2	3		2	3
2	2	2		3		2		0	3
	1	2	1			2	2	3	
		3	2			2	1	2	1
	1		2	2		2	2	2	3
		2	2	2	1	3		2	
		2	3	2	2	2	2	2	

Solution on Pages (179-180)

Easy (205)

	2	2	3	2	2	2	2	1	
2	1	1		0	1			1	3
3	2	3	2	0	2			0	
	2	0		2	2	1		1	
		1	2			2		1	3
2	2	3		1	2	2	2	2	
	2	1		1		2	2	1	0
1		2		2		1	3	3	
	2	1	1	3	1	1		0	
3		3		3				3	2

Easy (206)

		0	2		2	1	1		3
1	2	3		2	3		2		2
1		1		2		2		2	
3	3	2	1	2	2		2	2	2
		3	2			3	2		3
1	2	2				2		1	3
3	2	1	3			3		3	1
	3			2	2	2		2	2
2	2	0	3	2	2	1	3	2	2
3			3	2					

Easy (207)

3	2	2		2	3	2	2	2	
		2	3	2		2			
	1	0	2	2		2	2		
2	1		3			1	3	2	2
	2	3	1	2			2	1	2
3	1		1		2			2	3
2			0	2	3			2	3
1	1			2			2	2	2
1	1	0		1	3	2	1		2
	3	3			1	2	3	3	

Easy (208)

	1			2		3			3
3	2	3	2	1	1	2	1		2
	1			3					2
2		3	1		1	2		2	3
3		2	2	3		1	2		2
2	2	2		1				2	2
2	2	2	1	2		1	1	2	2
3	2		2	0	2	0	2	3	
1	1	1		2	3		3	1	2
1		2		2	2		3		3

Easy (209)

	2	2	1		2	1			
	1	3	1	2		1		2	2
	1	2	0	1		2		1	
		2	0	2	1	2			
2		2		2	2		2		2
2	0	0	1	1		2		3	2
	1	0	0	1		2		1	2
	3	2	1	3	2	2			2
		3	1		2	1			2
	2	3	2	3		2	3	1	3

Easy (210)

	2		3		2	2	3		3
	3		2		2	2			
1	2		3	2	2	2	1	2	
		2		2			1	1	3
		1		2		2		1	2
	2	2	1		1	1		3	2
3	0		2	3	3			2	
2	3	3	1		2	2		1	2
	2	2	2	3	2			2	3
	2		1	2	3	2	2	2	2

Solution on Page (180)

Easy (211)

2	1	1	2	1		2		1	3
2	1		3	3	2	0	2	2	3
	3			1	0	1		2	2
3	1	1	2	2	1	3	1	3	
	2		2						
3	1	1			1	0		0	1
		2	0	3	1	1			
	1	3			3	1		1	1
2	2	2				2	2		1
	2	0	0	0	2			2	

Easy (212)

		1			2	3	2	3	
2		2	3	1		2	3	2	
3	2	1	2	1	2	1	2	1	3
2	1	3	2			2	2	1	2
	3	2	0	2	1		0		3
1					1			1	2
2	3	2		2	2	3		1	2
	3	1			1		2	3	2
2	2	2	2			3	2	1	
	3	2	2	1	0		2		

Easy (213)

3	2	3	2	1		2			2
3	1		0	0		3			3
2	2		1	2		0	1	0	
				1	1		1		
		0		1	3	2	2	3	
	2	1	1	1	1	2	2		3
2	1		2		2	2	2	1	
	3	2		2		2	2	3	2
		3	2	2		1		2	
3	3	2		2	1	2		3	3

Easy (214)

	3		3	2		2	3		2
	3		3	2	1	2			
3		1	1	2	2	2	2	2	2
2	3	2	3	1	1				2
3		1	2		2	2	1	2	3
2	1	2	2		3	1	3		2
	2	2	2			2	1		
1	1	1	1	1	1		3	2	3
	1	1			2		2	2	
3	3	2	3	2	0	0	2		

Easy (215)

	2	3	2			2	2	3	
	2			1	2	2		2	
2	1	1	3	3	2	1	3		
	3	2	1	0	2		1		2
		1	2	3			2	3	2
2		3	2	3					3
2	1	1	1	1		2	0	2	
		3	2	3	2				
2	2	2	2	2	1	3		2	1
	2	3	2	3		3	2	3	

Easy (216)

3	2		2	3	2	1		3	
	3	2		2	2	3	2	0	2
2	1	2			2		0	1	
	2	0	1	1	3	2			
3		2	2		3			2	
2	2	2	2	1		1		2	2
0	2	1	1	2		1	1	2	3
2		2		2	0	1			
2		2	1			0			2
3	2	1	2	3	2	2	2	3	3

Solution on Page (180)

Easy (217)

		1		3	3	3	2	3	2
3	2	2		1		1		1	3
3	1	2			3	1			
2		2	2		2	1		3	0
2		2	3	2		3	1		
2	1	2		1		1	1		
	1	2	2	3	1	2	2	3	2
	3	2		2	3	2		2	2
2	2		2	0		1	2	3	
		2	2	3	3		2		

Easy (218)

	1		2		1		3	2	3
	3	3		2	3	1	2	1	
1	2	1	1	1	2	1	3	3	
2	2		2	2		2	2		1
2	1	1			3	0		2	2
	2		1					2	2
3		3	2				1	1	2
2	3	2			3	2	2	1	
1	2		2			1	2	2	
	3		2	3	2	3	3		3

Easy (219)

	2		3	2	3	3	3	2	
3		2		2	2	1	0		
3	1			2	2	1	1	3	2
2		2		2	2	1	1		
1		3	1		2	1	1	1	2
2		1	1	3		1	1	2	
2	3	2	0	1	1	1	1	2	2
3			2	1	1	3	2	3	
			2		2	2	1	2	1
	2	2	2		2			3	

Easy (220)

	3	3		3	2	2	2		
	2	1	2	1	3		2	3	2
2	3	1			3	0	2	1	
	1	1	3	0		2	3	3	2
	1					1		1	1
	2			0	2	2	2	3	
	1	2	3	1	0		2	1	2
3	2	3	2	2	1		3		
2	1	1		1			2	1	
	3		3	3		2	3		3

Easy (221)

2		2		2				1	
3	1			1	2		3	2	2
2		2	2	2	3	3	2		
2	2		2	2	2		1	0	
3	1	3	2	2				2	
2			1	1	1	2	1	0	
1	2			1	1		1	1	3
	2	2	1	1	1	2		0	3
		3	2	3	2		2	2	3
3	2	3		2	2		2		3

Easy (222)

2		2		2	3	2	3	2	3
				1	2			2	
	2	1	2	3	2	3		3	1
				0	1	2			3
3			3	1		3		2	2
3	1	2	3	0	1	2		2	
2		2		2	3		2	2	
1	1		2	2		2	2	2	2
2	1	1	1	3		3	1		
	1		2		1	3	2		

Solution on Pages (180-181)

Easy (223)

	3	3			0	1			2
		1	2	2	0	2			1
	2		1	3	2	3	3	1	2
2	2			3	1	2		1	3
2	3	1	2			2	2	1	
2		1	3			3		2	3
2	2	1	3	1	1	1	1	1	
	2	1		3		3			
3	2			1		2	2		2
		2	1	2	2	0	2	2	2

Easy (224)

	3		3	2	2	3	1	1	3
			1			1	2	2	2
1	2	2	1	2		1	2	2	
1		2		2	3	2		2	1
	2			2		2		3	2
1	1	1		2	3	3	3	1	
2	3	3	3				2	0	2
2	1		0			3	2	2	2
2	1		2		0	3			2
3	2		2		2				

Easy (225)

3		3	2		3	2	2		
		3	2	3	2			1	3
	1	2		2	0	2			2
3	2	3	2	3	2		3	3	
3		2	3	2		2		1	
3	2	2		1		2	3	2	
	1			2	1	0	2	0	2
	3	2	2	3	0	2	3		
2	2	1	2		2	3	1	1	3
		2	3	2	2	3			

Easy (226)

	2	3	2	3	2	1	2		
2		2	1	2	2	3	3	2	1
1	1						2		2
	1	3	1	2			1	1	2
2			1	3	2	3	2	3	2
1			3			2	2	2	
3	2	0	2	1	3	1			
2		2		1	3	2	2	1	2
	2		2		3	0			1
3	2	1	1	2					3

Easy (227)

	2	2	2	2	1	3	2	3	2
2	2			2	2	2	2	1	
2	2	2	2	3	2	2	2		3
		2	2		0	2	2	1	2
2		1			2		1		
1		1	2	2	1		0	1	3
2	2		2	1	1	2	1	1	2
3	1		2	2	3	2		2	3
3					2	0			3
		1	1	1	2	3	3	2	3

Easy (228)

	2	2		2	1	2	3	2	
3	2		1	2					2
2	2		2	1			2		
	3	1		2			3	2	
2		2	2		2	1	2	2	
	2	3		1			3	1	2
2	1	2		1	2		2	3	3
2	0	2	3	2	2	1	0	2	
	1	0			2	3			2
3	1	1	2	2	1	3	2		3

Solution on Page (181)

Easy (229)

3	2			3	1		3	1	
	3	1	1	2		0	3	1	
2	1	0	2		3		2	1	1
1	1			1	1				
		2	2	3		3	2	2	3
2	1	3			2	2	2		2
	2	2			3	1	2		2
2	2	2			2	2	1	2	
2	2	1	2	0	1				3
	3	3	3	3	3	2	3		

Easy (230)

					2			2	
2	2	3	3				3	2	3
3		2		2	3	1	2		2
2	1			1	1		2	2	
3			2	3	2		1	1	2
3	2	2	3	2	2	2	2		
2	1		2	2			1	1	
3		2	2	1	0	1	0	2	1
1		1	3	2	0				
3	3	3	1	2	3	3		2	3

Easy (231)

				1	1	2	2	2	3
		2		3	3	2		1	
		3	3	1	2		2	3	3
1	2	0	2	1	2	2			
		2		2	2	1	1	0	
	2		2	1	2	2		1	2
	2	2	2	1	2	2	2	3	2
	2	3	2	2	3	1	2	1	3
2		2	2	1	3	1			3
3	2	2			2		3	1	

Easy (232)

3	2	2					3	1	3
		2		2		1	3	2	
	1	1		1	2	1		1	2
3	2	3	1		3	2	3	1	3
2			2		0	1	2		2
2	3	2	2	1				2	2
	2	2	3	2	3	2		2	
2	2	2			2		2		2
2		3		3	1	2	1		
3	2	3		3		2	3	2	

Easy (233)

1	0		3		1	2	2	2	3
	2	3	0	3		2		2	2
2	1		2		2	1	2	2	3
	3			1	2		3		2
2	2	2	3	3		2	2		3
2	2		1	2				2	3
2			2	1		1		0	3
3	2	2	2	1	1	1		2	
	2		3		3			2	2
3				2		1	0	2	

Easy (234)

3	2	3	2	3	3				
2		2	2	1	2	1	2	1	3
1	2		2	2	2	2		2	
	3	2	3	2		3		3	
			2	0	1	1	2	1	3
2	1		3	1	2	2			1
		1	2	1			3	2	1
1	3		3	2	3	2	0	2	2
	2			1		1			2
3	1	2	2	2			3	3	2

Solution on Page (181)

Easy (235)

```
3 1 2 3 2 . . . 1 .
. . 2 . 0 3 . 3 . 3
1 2 . . 2 3 . 2 . 3
. . . 2 1 . 1 2 . 3
1 2 . 1 . 3 2 3 0 3
1 2 2 0 . 1 2 3 . 3
3 2 2 1 0 . 2 2 1 2
. . 3 1 2 2 . 2 3 .
1 1 . 2 2 2 2 2 . 2
. . 3 2 1 3 . 3 . .
```

Easy (236)

```
. 3 . 3 . 3 3 . 3 3
. . . 2 2 1 2 . 2 2
. 2 2 . . 2 2 3 . 1
3 . . . 3 1 3 . 3 2
2 0 2 1 1 . 2 1 2 .
2 1 2 . 2 . 1 0 3 2
3 2 1 1 3 . 2 2 . 1
. . 2 3 2 . . 2 0 .
. 2 1 2 3 2 3 . 1 1
3 2 2 3 2 1 3 . . .
```

Easy (237)

```
3 . 1 . . 2 3 3 . 3
2 2 1 2 3 2 1 . . 1
0 1 2 1 . . 3 . . .
1 1 . 2 . . 2 2 2 1
3 . . 2 3 . 3 2 . 1
2 3 . . . . 2 1 3 .
2 1 2 . . 2 3 . 2 2
3 2 2 . 2 . 1 . . 3
2 . 1 2 . . 2 3 2 3
3 2 1 3 1 2 2 1 1 .
```

Easy (238)

```
3 2 2 2 3 3 3 3 3 .
2 3 2 3 1 . . . 1 .
. 2 1 1 1 3 1 1 2 .
. 1 3 . 1 . 2 . 3 .
. 3 . 2 . 2 3 . 1 3
2 2 . . 1 2 1 2 2 3
. 3 . 1 1 . . . 0 3
3 1 1 1 1 3 1 2 . .
. . . 3 . 2 2 . 2 2
. 2 2 3 2 3 . . . 3
```

Easy (239)

```
2 3 3 2 3 2 2 1 2 3
3 0 . 1 3 2 . 1 3 2
3 2 3 2 . . 0 . . 3
3 2 1 3 2 3 1 1 3 .
2 2 2 . 1 2 1 1 3 .
3 2 . . . . . . . 1
. 3 . 3 2 2 . . 2 2
2 2 . 2 2 1 . 2 . 3
. 3 3 2 2 1 . . . 2
. 1 . . 3 . . 3 1 .
```

Easy (240)

```
2 3 3 2 . . 1 2 2 .
3 1 2 1 . 2 1 3 0 2
2 . . 3 . 2 0 2 2 3
3 . 2 2 1 3 . 2 . .
1 1 . . . 1 2 . . .
2 . 0 1 2 2 . 2 . 2
1 3 . . . 2 . 2 2 3
1 2 2 . 2 3 2 2 . 2
. 2 . 2 1 . . 1 1 3
1 3 . 3 . . . 3 3 2
```

Solution on Page (181)

Easy (241)

```
. . . . 2 2 2 3 2 .
1 2 1 3 2 3 . . . 2
. 3 . 2 1 2 0 2 1 2
. 2 2 . . 2 3 . 2 3
1 2 3 . . . . . 1 2
3 . 1 0 3 1 1 1 . 2
2 2 2 1 . . 2 2 2 2
3 2 3 1 2 2 1 3 2 .
1 2 . . . 2 2 . . .
. 3 2 2 1 . 2 3 3 3
```

Easy (242)

```
. 2 3 2 1 2 3 2 . .
2 2 . . 2 . 2 1 1 3
1 2 1 2 2 2 3 . 2 2
1 . 3 2 1 3 . . . 1
2 1 . . 0 1 1 2 . .
. . 3 3 2 . 2 2 2 3
. 2 2 1 3 . 2 0 2 2
2 . 2 2 2 0 3 2 2 2
. . . 2 3 . 3 2 . 1
3 . 2 2 . 1 2 . 1 .
```

Easy (243)

```
3 . 2 . 2 3 1 2 2 2
. . 1 2 0 3 2 2 2 3
. 2 . . . 2 . 2 . 2
3 3 1 1 1 1 1 2 . 3
2 2 1 0 . 2 1 . 2 2
. . . . 1 2 1 . . .
. . 1 0 1 2 3 1 3 2
1 3 1 . 3 . 2 . . 2
2 2 . 0 1 . . 1 . .
. 2 3 2 2 3 2 1 1 .
```

Easy (244)

```
. . 2 3 . 3 . 2 2 .
1 2 1 2 1 2 1 . . 2
2 3 3 . 1 2 . 3 . 2
2 1 1 . 3 1 2 . . 3
. 2 . 2 2 3 . 2 . 2
2 2 2 2 0 1 1 3 . 0
2 . 2 . 1 . 0 . 2 2
3 2 . 2 1 3 3 3 . .
2 2 . . 2 2 . 1 3 .
3 2 2 2 1 3 2 . 2 .
```

Easy (245)

```
3 1 . 3 . 3 1 . . 2
2 . . 2 . 2 1 0 2 2
2 2 3 . . 2 1 1 . 2
2 2 3 . . . 3 2 2 .
. 1 2 0 2 1 2 . 3 .
1 1 . 3 2 . 3 . 2 3
2 1 2 2 1 . . 1 3 1
3 . . 3 2 3 . . 2 .
2 1 1 2 1 2 1 3 1 3
3 3 3 . 3 . . . 2 .
```

Easy (246)

```
. 2 3 2 3 3 2 2 1 2
. . 2 . 1 1 . 3 . .
. . 2 1 . . 2 0 . 2
2 . . 2 3 . 2 . 3 1
2 2 . 2 2 2 . . 2 2
. . 3 3 2 . 2 . 2 .
. 1 1 . 3 1 3 1 2 3
. 3 2 2 2 . . . . .
3 0 . 1 1 1 1 0 2 2
3 . 3 3 3 3 3 3 3 3
```

Solution on Page (182)

(43)

Easy (247)

2	3	3	3	2	2	2	1		1
2	0	2	1				1		1
2	2			1	1			1	3
1		1	3	1	1	2	2		2
2			2		1	3		3	1
3		1	1	2		3	0	1	
1	3			3	1			2	3
2		2	2		1	0		2	1
3			1	2		1	2		
2	2	3	2	3	3	3	2		

Easy (248)

3	2	3		3	2	2			
2	3	2		2		2		2	2
1	2		2	3		3	2	2	3
3	3	1	2		0	1	1		1
2	2	2	3		2	1	2	3	
3	2	1				2		0	
	1		1	2	1	2		3	3
	3		2		2	3	2		1
		2			2	1	1	3	
2	3	2	1		2	1	1		

Easy (249)

3		1	2	3	3	2	0	2	3
3			1			3			2
2				1		1	2	2	3
	3	2	2	2	3	2			
2	1				2	2	3	2	3
3		1		2	1	2		1	3
	3	2			1	2		2	
3	1		1	1	1				3
3		3	1	3	1		0	2	1
3	1			2	3	3	3	3	

Easy (250)

	2	2			0	1		0	1
3			1					1	
2	2		1	0		1		2	2
	2			2	3			1	
	2	0		2	0	1	3	1	1
		2	3	2	1	2			2
	1	1	2	2	2	2			3
3	3	3	2	2		2	3	1	3
1		1	3	1	2	1		2	3
3	3	2	2		3	3		2	

Easy (251)

			1		1		2	3	3
	3	2	1	3		2		2	2
2	2	2	3	1	2	2		3	2
2		1	2	0				2	
2		2	3				1	2	2
	3	1	1	2	3			2	3
			3		2	2	2	2	2
1	1	0	3	2		2	2		2
		2	2	1			1	2	3
3	2	2	2	2			3		

Easy (252)

2	3			1		1	2	3	
	3	2	3	2	3	2	2	1	1
2	1	2			1	1	2		3
2		3	2		1		1		2
1		3	1	2	2	3	2		2
2	2	3	1	2				2	2
	1	2		3			2		2
	3	2	2	2	0			2	3
3	2	0	2		1			2		2
1	2	3	3				3	1	2

Solution on Page (182)

Easy (253)

		1	1	3	1	2	2		
2			3	2	2	3	0	1	2
2	3	2	2		1	3	2		2
2				2	3				
3		3	1	0	2			2	3
1	1	3			3	2	2	1	2
1	3	2			1	2			
1	2	2	3	2	2			2	
3	1	2		0		2	1	2	1
		3			2	2	2		3

Easy (254)

2	2			1	2	2		1	1
3	2				3		1		
2	2		1		1		2	2	1
3	2	1	1	1	0	1			
3		2		2		0	2	1	3
2	0	2		2		2	3	2	3
		0	2	1	1	1	2	2	2
3	3	3	3	1	1	0	2	2	
2				2		2	3		2
	2			2		2	2	2	3

Easy (255)

3		2	2	3	3			2	
2		3		2	2	1	2		2
3	1	2	1		2		1	1	3
2	3	3						2	2
1		1	3	2	3	2			2
	2	2	1	2	2	3	2	1	
	2	3	2	3	1		2	2	
	2		1	2	1		1	0	3
2			2		2	3	2	1	
	2	1	3	2	2	1	2	2	

Easy (256)

		2	2		3		3	3	
2	2		2	3	2	1	1	1	1
1	2	1	0	2	3				
1	3	1	1	2		2	2	2	2
3	1		1	2		2	2		
	1		1	2		1		2	2
3	0	2	2		2	0	2	2	2
3	2		1	1	3	2			2
	2	2	2			1		2	2
	2		3	3	3	3	3	3	

Easy (257)

3				3	1			3	3
2	1	2	1	2			2	2	
3	2		1	1		1	2	2	2
3		2	3				3	3	
3	2			3		2	1	1	1
2		2		3	1		3		
1		3	2	2	2	1	2		3
1	2		2			3	2	1	
2	3	0	1			2	1	3	2
	3	2				3	3	2	

Easy (258)

	1	1	2	2					2
	1		2	1	2	2	2	2	
	1	2	2	1	2	2	2	1	2
3	2	3	2		2	0	2	2	3
	1	2	0		3	3		2	2
2			3	1	2	2	2		
	2	1	1	2			2	0	1
2		2	2	2			2	2	2
2			1	2	1		1		3
3			3	2		3	2		3

Solution on Page (182)

Easy (259)

```
1 3 2 3 3 3 . . 3 3
. . 2 2 1 2 2 1 2 2
2 1 2 . . . 1 . 2 .
1 1 . . . . 2 2 3 3
3 3 . 3 1 . 1 . . 1
. 1 . 2 1 1 1 . . .
2 2 . 1 . 3 1 3 . .
2 . . . 3 1 . . 1 2
1 1 0 . 2 . 2 2 1 3
. 3 3 3 3 2 2 3 1 .
```

Easy (260)

```
. 2 . . 1 . 1 2 1 .
2 . 2 . 3 2 2 0 . 3
2 2 2 2 2 2 2 2 0 3
2 3 . . . . 2 3 2 3
1 2 1 . . . 2 2 0 3
. 3 . . . . . . . 3
2 2 . 1 2 0 . . . 2
1 3 2 3 3 . . 1 . 3
2 3 1 . 2 . 2 . 2 2
2 . 3 2 3 2 3 2 2 .
```

Easy (261)

```
. . 1 . 2 . 1 . 1 .
2 2 2 . 1 . . 2 0 .
3 1 . . . 1 2 2 2 .
3 2 2 2 . 0 3 . 2 .
. 2 0 2 . . 3 2 1 2
. 3 3 2 . 1 1 1 0 2
. . 2 1 3 2 1 1 1 .
3 2 2 . 2 2 2 . 1 3
. . 2 1 1 . . . 2 3
1 3 . 1 2 . . 2 . 3
```

Easy (262)

```
. 3 3 2 2 1 2 1 . 1
. 1 1 2 2 0 1 2 . 2
3 1 1 2 . . . 1 . .
. 1 . . . 1 3 0 . 2
. 2 3 . . 0 3 2 3 1
0 1 1 0 . . . 1 . 2
2 3 . 2 . . 2 . 1 .
. 0 2 2 2 2 2 . . 3
. . . . . 2 2 2 . 2
3 1 . 2 3 2 2 3 2 2
```

Easy (263)

```
. 2 1 . 2 2 2 . . 3
. . . 2 1 2 . . . 2
2 1 2 1 1 2 2 1 2 3
3 . . 2 2 1 . . . 3
1 2 1 1 2 . 2 1 1 3
. 2 3 2 3 . 0 . . 3
1 2 2 . . . 2 2 1 3
. 2 . 2 3 . . 2 . 2
2 2 3 1 3 0 2 0 2 2
. 1 3 . 2 . . . . .
```

Easy (264)

```
. 2 . 2 2 2 . . 3 1
. . . 2 1 2 0 . 1 .
2 2 2 . . 3 3 . . 2
2 2 . 1 . . . . 2 2
1 1 3 2 3 2 . 3 2 3
. . 1 2 1 1 3 0 1 .
1 . 2 2 . . 1 2 1 1
2 . . 1 . 2 . . . .
2 . 3 1 2 . 1 0 1 2
. 1 . . 2 . 2 1 2 2
```

Easy (265)

	2			2	3	2	3		1
3		3			2		2	3	3
2	1	1	0	2	0	2	0	2	2
		3	2	3			2	3	2
2	1					2	2		2
2		2	1			2	2	1	2
2	2	2	2	3	2	3			2
2	1	1		1	2	1			2
		0	1					2	2
2		1		3	1	2	2	3	3

Easy (266)

	3	3	1	1		3		2	
2	2		2	3	2	0	2	0	1
	2	2	2			2			1
3	3			1					3
		1	1	1			2	2	2
	2	3	2	2	1	2	1		2
2	1		2	3			2	3	3
2	2		1	2	2	2		1	1
2	2	1	3	1	1			1	1
	3	1		2	1	1	2		

Easy (267)

2		1	2			2	2	2	
			2	2	2	2	2		2
2	2		2		1	3	2	2	
2	2	2	0	3	1	3	2	3	
2	1		2	3			1	1	2
	3	2	1	1	2	1	3		2
2	1			2	3				2
2	2	3	1		1				3
1	1		2	2	2	2		1	3
1	3	2			2		3	2	

Easy (268)

	3		3			3	3	2	3
3	1	1	2	2	2			2	2
3	2	3	3	2		3	2	3	2
2	1		1		2		0	2	1
	2	2			2			3	
1	1		2	2	1	3		2	1
1	1	3	1					0	3
2	2	2			1	3	2	3	1
2	3		2	2	2		1		
2	3	1	2	3	2	3	3	3	2

Easy (269)

	2	2	3	3				3	3
	2		1		2	3	1	2	
2			3	2	2		3	3	
3	2	1	1	1		1		1	2
2	3		1	0		2	2	2	
3	2	1		2	3		2	2	
1				1	2				2
	2	2	2			2		3	
2	2	2	2	1	3	1	1	2	
	2	2	3	2	2	0	1		2

Easy (270)

	3	3		1	2	3		2	3
1		0	2	2		1	1	1	
3				2				1	3
2	2	1	3	2		2		1	
	2	1	3	1	2	2		2	
	3	1		2		1	3	2	3
3	2	0	2	1	3			1	2
2		2	2		3			2	2
			2	1		1	2	0	1
3	3	2		3	2	3	3	2	

Solution on Page (183)

Easy (271)

3	2	3			3		3	2	2
2		2			2			3	2
	2	1	3		2		2	2	1
	3		2	1	3		3		
	1			1	2	0	3		
	2	2	2	1	3	2	3	1	2
2		2				2	2		
	2	1	2	2	1	2	3	2	2
1	3		3	2	1	0		2	
1	3	1			3	2		2	2

Easy (272)

	3	3	2	3		2	2	2	
2		1	1	2		3	2		1
2		2	1	2		2	0	2	
	2	1	3	2			1	1	
3	3	2			2		2	3	
1	1		2	3	0		1	2	2
1	2	2		3	2	2		3	
1		3		3		3	2	1	2
2					2	2	2	1	2
	2	1				2	2	3	2

Easy (273)

3	3		2	3	2		2	3	3
2			1			3	1	1	
1	2	2	1	1	2	1			2
1	0	2	3	2					3
	2	1		1	1	2	1	1	2
					2	3	1	1	2
2			1	0	3	1		0	1
	2	2	2	2	2				
3	1			1	2		2	2	2
3			3	3				2	2

Easy (274)

3	3	2	3	2	3	2	3	1	
	2			2	2	2	3	2	3
									2
2	2	3	3	3	3		3	2	2
	1	1	1	1	2	2	2		1
1		2	3	3		1	1	2	1
2	2		0	1	2				
2		3	2	2				3	1
2		0			1	2		2	2
2		2					2	2	3

Easy (275)

	2			2		2	3	1	
2	2	2			2	1		2	2
1									2
3	3	2	1		2	0	3		1
1			3		2	1	2	1	1
		1	1	2	2	3			2
	2	2	0	3		2	1	0	3
2			2		1	2	3	2	3
1		2	2	1			2	1	
	2	2	2	3	2	1			3

Easy (276)

	2	1	2	3		1		2	
1	2		2	1	2	2	3	1	1
2			1			2	1	1	2
3			3	2	1	2	2		2
1			2	0	1		1		3
1	2	1	1	1		3	2		1
2	2	2	2			1		2	2
3	1	2	2			1		2	
2	2	2	2	3	1	1	2		
1		2			2	1	3	2	3

Solution on Page (183)

Easy (277)

```
3 3 2 3 2 3 1 . 1 3
2 . 2 . 2 2 3 3 . 2
3 . . . . 1 2 1 . 2
3 1 2 . . 3 . . 2 2
3 . 2 . 2 2 1 2 2 .
3 0 3 1 2 . . 3 1 2
. . . 1 3 . 1 3 . .
3 0 . 2 3 . . 2 2 2
3 1 . 2 . 1 . 1 2 2
. 2 2 2 3 . 2 3 2 1
```

Easy (278)

```
. 3 2 1 2 2 2 2 . .
1 1 . 1 . . 1 0 1 2
. 1 1 3 2 2 1 . . 3
2 2 1 2 . 2 . 3 1 3
. 2 2 3 2 . 2 1 . 2
2 3 1 2 1 . 3 1 1 1
2 . 2 . 2 2 2 . 1 3
3 2 3 . . . 2 2 3 2
. 1 2 . 1 2 0 0 . 1
3 . . . 3 . . . 3 3
```

Easy (279)

```
. 3 3 2 . 2 . . . .
1 . 0 . 2 0 1 . 2 1
3 3 3 2 . 1 1 2 3 1
1 1 . 1 . 2 2 . 2 .
. 3 . 2 2 3 1 2 2 3
3 1 . 2 1 2 . 2 3 2
2 3 2 3 2 2 2 . . 3
3 . 0 3 1 . 2 . 2 3
2 . 2 . 1 . 3 . . 3
. . 1 2 . . 2 . 2 1
```

Easy (280)

```
3 . 2 2 . 2 . . 2 2
1 1 1 3 . . . 1 0 1
. 0 1 2 3 1 3 . 1 .
2 2 2 . 2 . . . . .
1 2 1 . 3 3 2 . 2 .
1 2 . . 2 1 . 2 1 2
1 2 1 2 . . 2 . 3 2
1 3 . 3 1 3 2 3 0 3
2 . 0 2 . 2 1 2 . 3
3 3 2 1 2 . . . 2 .
```

Easy (281)

```
. 3 . 3 . 0 2 3 3 .
. 1 . 1 3 . 3 1 . .
. 2 . 2 3 0 2 3 2 2
2 2 2 . 3 2 3 . 1 .
. . 1 . 3 . 1 3 1 2
2 2 2 1 3 1 . . 1 2
. 2 . 1 3 2 2 2 . .
. . 3 1 . 1 . . 2 3
2 2 1 2 3 2 1 1 . 1
. 3 3 . . 0 1 3 3 3
```

Easy (282)

```
. 2 3 1 2 . . . . .
. 2 3 2 3 2 2 3 2 .
1 2 . 1 . . 2 3 1 .
2 2 . 3 2 1 2 . . 3
2 2 3 2 1 3 2 2 . 2
2 . 1 . . 1 . 3 2 2
3 . 2 2 . 0 0 . 2 3
2 . . 1 3 2 1 . 2 2
2 2 . . 1 1 2 1 . 3
3 . 2 2 1 . 3 3 3 2
```

Solution on Pages (183-184)

Easy (283)

```
      3 2 2       3 3 1
3 1 2     2     2     2
2   1 2 0 1 3       3 0
3 2 2     2 3 2 1 2 1
3 2 3 2 2       2 3   1
  1 2 1 1 2 1 2 1 2
2 2 2     2     2 3 2 2
2   3       1 2 2 1 2 2
2 1               2 2 1 2
  2       2       2 2   2 3
```

Easy (284)

```
1 2 3 3 3 2 2 2 2
  2 1 2 1     2 2 1 2
2       3     2         3
3 2 2 2     3     1
    2 1 3 0 2 3 2
  3 2 1       2 0         3
2         0         3     2
  2 0 3     1 3 1
3   3         0 2 1     2
2 2 2 2 3 3 3 2 3
```

Easy (285)

```
  3 3 3 3           1 3
  2 0 2       2 1 3 2
2 2 2 3 3 2 2
  2 2         1 1 2 2 1
  3         0 1 2 3
2       2 2         3 1 2
1 2       1 2 2 2       3
2 3 2       2 3     1
2     1 2 0 1 1 2 2 1
3 3     3           2     3
```

Easy (286)

```
2 2     2 3 2 3 3 3
  3 2 2 2 2       2 2 1
2     2       2         2 1
3 2 0 2 0 2 1 1 2 3
2           3     3       2
    1 2 2 1 3 1
2 3 1     3 1 2 2 3 2
3 2 2 3       0 2 1 2 1
1   1 2       2 3     3 2
    3     3 3 1 1       3
```

Easy (287)

```
  2     3 2 0 1 3 1
3 2           2 0     2 3
3           2     2 3 0
3             3 2 2     1
3 1 2 2     1 1       2
3 2 2 2 3 2 2       2
    2 1 2 2 1 2       3
3 2 3     2     2     2
  1     2 2       2 2 2
1 1 1 1 1 3 2 3 2
```

Easy (288)

```
1 3   1           2 1 3
1 1 3 1 2     1 3
2 2 3         2     2 1
3   2 1 2     2 1 2 1
2 3     2 1 2 3
3 1 1 2           1
3     2 2 2 3 2 2       2
2     2 3 1     1 2 2 2
    0 3 2 3 2 2
2   2 3 2 2     2 2 3
```

Solution on Page (184)

Easy (289)

3	2	1		2	2	2	2	2	3
		2	2	2		1			2
	2	0	2			0	2		3
						2			2
2	2	3	1	3	2	0	1		2
			1	1		0			
2		2	2	2	3	2		1	2
2		1		1	2	1	1	2	
2	2	3	3	3		1	1	3	2
3	1	2		2	2	3	2	2	3

Easy (290)

		2	2	3	2	1	2	3	
2	3				1			0	
3	2		2	1	1	2		1	1
1	3	2	3		2	1	1	1	2
	2	1	2	2	3	1	2		3
2	2	2		2	1	2	2	0	3
	3	2	2			3	0	1	3
1	2		1	3	1		2		3
2	2	3			2	2			
3	2		2			3		2	3

Easy (291)

	3	2		2	1		0	2	
2			3	3		3	2	3	1
3	2	3	1	1		2	1	3	
2	1	2		1			2	2	2
	2	1	2	2	2	2			3
	2		3	1			2		2
		2		2		2	2	1	
2				0		1	2	3	2
1		1		0		1	3		
3	2	2	3	3	3		3	2	

Easy (292)

	1	1	2	2		2	2	2	1
	2	2		2		2			2
1	2			1	3	1	3		
2			1	1	1	2	1	2	2
2	2				1	0		2	
3	1	2	2	3	1	2	2	1	3
3					2	3	1	3	2
2		1		1		3	1	2	2
3	3	2		2	2	3	2		3

Easy (293)

0	1	2		3	2	2		2	
1		1	1	2			2		
		1	3	1	2	1		3	2
	3	2	2	2	3	2	2	1	
	1		2		2	2	3	2	3
	1		1	1	1			0	3
2	2	2	3	2				2	1
	1	2	2			2	2		2
3	3			3		2	1	3	
2			2	1	2	2	2		3

Easy (294)

2			3	2	3	2	1	2	3
2	2	1	2	1	2	3	2		2
		2	2		2			2	2
1		2	0	2	2		3		3
	2		2	3	2	1	2		2
2	2	3	0	2			1	1	2
3		3	2				1	1	
2			1	2		2	1	1	2
2	2	1	0		2		1		1
			3	3	3			3	3

Solution on Page (184)

Easy (295)

	2	3	1		2	2		2	0
		2		2	2	1	0	2	2
2	2	3			2	0	1	1	2
	2	1			1	1			3
1		3	2	1	2	1		1	2
3	2		1	1	1			1	
2	1	2		2		2		2	2
2		2	1	1	3		2		
			1	1	1	1	3	2	3
	2	3	2		2	2	2		3

Easy (296)

	3	3	2	2	2	3	2	2	
2	2	0	2				2	1	2
1	3	2	3		2			1	2
2			1		2	2	2		1
		2	2				1	2	2
	1	3		2	1	2	1		2
2	1	1	2	2	2		2	2	2
	2	3	1				2		2
3	1		2	2			2		
2			3	3		3		3	2

Easy (297)

	2			2			3	3	3
2	1				1	1	0		1
3		1	1				2	3	3
2	2	3			1	3	1		1
2	1		1	1			3	3	2
2		3	2	2		2	1	1	
2	2	2	2	1	1	3	2		2
2					1	1	0	2	
3	2	2	2		1		1	3	
		2			1	1	1	2	3

Easy (298)

	3	2	3	2	2				
2	2		2	1			1	1	3
2	3	2	2	0	3	2	3	2	2
2	2	1	2	3		1	1		2
2			2	2		1	3	2	3
3	1		1	2			2	2	3
	2			2	2	2	2		
2	1	1	2		0		1	1	2
1	1		2	3	2	3			1
3				2	2	3	3		

Easy (299)

3	2	2	2			3	2		
3	2	3	2		2		1	0	3
	1		2		2	1	2	3	
		1	2	1	3			2	1
1		3	3	3	1	1	1	1	
2		2	1		1		1		
2		1	3	2		2	1	1	1
3	2	3	2		2	2	2	1	
2	1				3	1	2		
1		2	3	3	2	3	3	2	3

Easy (300)

2	2	2			2	2			3
1	1			3	2		2		1
1	1	2	3	1	0				
2	1	2	3	1	1	3		3	3
	1	2	2		2	2	2		2
3			3	2	3	1	2		2
3			3	0	2	3		2	2
3	2	1	3	2	3	2	1		2
2		2	2			3	1	3	2
3	2	2	2	2	1	1	1		

Solution on Page (184)

Easy (301)

3	2	3	3	1	1		2	2	
3	1			2	3		1		
3	2	3	2		2	2		2	
1	2	2			3	3	2	2	2
	3	2		2	0		1	3	2
	1	1	2	2	2	3	2	2	1
1	1	2	3	3	2	2	1	2	2
	2		1	1	1	2	1		3
	3		3	2					2
2	3	2	3	2					

Easy (302)

3				3	1	2		1	3
3	2		1	2		3	0		3
	1	1		3			1	1	2
	2	3	2	2				3	3
3	0		1	3	1	2	2	0	2
			2		3		2	1	3
	2	1				1	2	3	
2						3		2	2
	2	2	1	1			2		2
	3	3	2	3	2	2	1		3

Easy (303)

3	1	2		2		1	1		
2	2	2		2		1			2
2	2	3	2		2	2	0	2	2
			3	0		3	3		
2	2	1	1	2	2			2	2
	2	2		1	2	2	2	1	2
		2	2	0	1			1	
2	1				2	2		1	3
	3		2	1	2	2	2	3	2
	2	2	3	3		3		2	3

Easy (304)

	3	3	3			3	2	1	
		2	0			3			3
2		2	1	2		2		2	
	2	2		2	2		3		2
2	1		1	3	2		2	3	3
	1	2	1	2	3		3	2	3
	1	2	1	1	2		2	1	
3	0	1	2		2			1	
2	2		2	3	2	2	2	2	

Easy (305)

3			1			2	1	2	1
2		1	0	2	3	2		1	2
2	2	0			1				2
	3	2	0	2	1	2			
2	1	3	1			2	2	3	2
3	2	2	1			2	2	3	2
1			1	2	2	0	2		2
1		3	2	3		2	3		1
1		2	0	2	2	1	2		
1	3		2			3		3	

Easy (306)

		3	2	3	1	2			3
2	2	2	2	2	2	3	0	2	
	3	2	3	2	2	2	2	3	3
2		1	1	1	2	3	2		2
3	2	3	2		1	2		1	
2	2	2			2			1	
2		2			2	1		1	2
3		2		2	3	1	1		3
2			1	2		2			1
	2	1	1		2		2	3	3

Solution on Page (185)

Easy (307)

3	2	3	2	3	2	3	3	2	3
3		2	2	2	2		2	1	3
3			1		3	1	3	2	
	2	2	2	0	3	2		2	
		2	2	3				1	
	2	3		2	2		2		
2	2	1	1	3	2			0	3
	3	1	1	2	1	3		3	1
2	2	1		3					2
	3	3	2			1	3	1	

Easy (308)

3	1		2		2			1	
2		2	1		3	1	1		
2	2	3		2	3	0	1	2	2
	1		1		3			1	2
2		1	1	2	3		2	3	3
3	3	1		2	1	3		1	1
		0		2			1	1	1
1	3	1	0	0	2				2
	2	1	0	1			2		3
3	2		2	2	2	2	3	1	

Easy (309)

3		2	1	3					
3	1			3	2	1	2	2	2
	1			3	1	1	1		
2	1	3		3		1	2		3
2			2	2	2	2	3	1	3
2	1	3	2	1				1	3
1	0	2	1	0	2	2	3	2	3
2	1	3						0	3
3		3	2	2		1		1	3
	2		1			3	3	2	3

Easy (310)

3	3	3	3			3		2	3
	1		1	1	1	2		3	2
2		3	3		2			1	3
0	1	1		2	3	2	2	2	3
	2		2			2	3	1	3
		2	2	2	3	1	2	2	2
		1	1	3	2	1			1
2	0		0		3	1	2	2	2
3		3	3		2	1			
2	2	1	2	2		2		1	

Easy (311)

	3	3	2		2			2	2
	1	2	1	3		1	2		3
	2			2	2	2	3		2
		1	1	1	1		1		
2	3	1	1	3	2	3	1		2
	2	2		2	1	3	1		3
	3	2	3	2		2		0	3
2	1	2		0	2	1	3	3	
		3	1						
			2			2	2	3	1

Easy (312)

2		1			2		2	3	2
3	3		1	2	1			2	
2	0	1	2	3	2		3		
	1	2	2	2	1	3	1	2	
	3		1				2		2
2		1	2	1	3	2		2	
3	2		2	1	3	1	1	2	2
	2				1			3	2
		2	2		1	2	1	2	3
		2	2	1	1			1	1

Solution on Page (185)

Easy (313)

	2	1		3	2	2	3	2	3
2		2	3	2				2	2
			1	3					2
1	2	2	2	2		2	3	2	2
2	3	3			3	0			
	1	2	1	2	3				3
	2	3	1		2		2		2
3	1	2		3	1	3	1		2
3		3	2	2	2	2	2	3	2
3	2	1	2					2	

Easy (314)

	2	1	0			3	3	2	2
2	2			2		0	2		3
2		2	2		2	3		2	2
2	2	1	2			2	3	3	3
2	2			2	2			1	
3	2			2	2	3	3	3	2
		2	3	1	2	1		0	3
3	3	1	2	1			2	1	
1			3	1	2	2			
		2	2	2	1	3	1		3

Easy (315)

2	3	2			2	2	1		3
2	3	1		1	3	2	3	2	2
1	2		2	2			2	1	3
3	3	2	1			3	2	2	2
2		2	2	3	2				2
3		2	2	1	2		0	0	
3			2	3	2	3		1	
	1		0	2	1	3	1		
	2		2		1	1	1	2	
3		1	3	2	2			3	3

Easy (316)

	2	2	3	2		2	2	1	
3	2	2			2	2		2	3
2	1	3	2	3	2		1	1	3
2	2		1	1	3	1		2	2
	3		3			1	3		3
2		2	2	1	3	1	2	3	2
3		3		2	2	1	0		2
2	1			2	2	3	2		2
2		2	2			2	0	2	2
2	3	2	3	2			2	3	

Easy (317)

	0						3	3	
0		2		3	2		0	2	2
2		2		1		1	1	3	2
3	2		2	3	3	1		2	3
2	2	1	3	1			3	1	2
3		1	1	2		1	3		
3	2	2	2		2	1	3	2	2
3	1	1	2	1		1	2	1	
2	3	2					3	2	3
		1			1	3	2		

Easy (318)

2	1	1	2			1	3	3	3
1	1	0	2		3	3			1
			2	1	2			0	2
2	2	2				1	3		2
3		1	2	3	2	3	2		1
1	3	2	2	3		2	1	3	0
1	2		1		1				2
1	2	3	2		2	1		1	3
2		2		2	3	1	2		2
3	2		3			1			

Solution on Page (185)

Easy (319)

		3				2		2	3
3				2	2		1	2	2
3	2	3		3	3	1		2	1
1	2	1	2		1			1	1
2	3				0	2	3	1	1
2	1		2	3	1			0	2
		2	2			3	2	2	3
	0	2			3		2	2	2
	3		2	2	0	1	1		2
	2	2	2	2	2			3	2

Easy (320)

	2		2		2	1	1	3	2
2	2		1	2	2	2	0	3	
1	2		2	1	1		3	2	
3	3				1			2	
2	0	2	2	2	1		2	3	1
3		1	2		2			2	3
		2			3		2		2
		1	1	2	2	2	1	2	3
1	2	1	0	2	1	2		3	
		2					3	2	3

Easy (321)

2	3			1	3	2	2	1	
2	1		2	1	3		2	2	2
2	2	2			2		2		
3	1	1	1		1	3	1	3	
	1	2	1			3	1	2	
3	2		1	3	2	2	0	0	
1	1		1	2			2	2	3
1	2		2	2	2			2	2
	2	1		1	1	2	3	2	2
3	3		2	3	2	2			

Easy (322)

2		2	2	3		2	2	2	1
2				2	2	2	2	0	2
	2	2	3	2	2	2		2	2
2		2	2	0	3			2	
3			3	2	3	1	2	2	
1		1	1			3			2
	3	2	1				0	2	
	1	3		2	2		2	2	2
2		2		2			2	2	3
3	2	2	2	1	3	2	2		

Easy (323)

3	2		2		2	1	1	2	
2		2	1	2	1	1	2	3	2
2	2		2		2	1			3
3	1	2		3	3				2
3	2	3	2	2	0	2	0		
	2		2	3			1	1	
	1	2	1	2	1		1		
1	2	3	2		2	2	2	2	2
		2	2	2	2		3		
	2		2		3		2		

Easy (324)

				2	3	2	1	2	3
2					1	1	2	2	2
3	2	2	2	1	1	3	2	2	3
2		2	2	1			2		2
3	3		2	1	2		1		2
2		1	3	2		3	2		
3		2			2	0		2	1
2	1	3	1	3	3				3
1		2	2		0	3		2	2
	3	2	2	3	2		1		

Solution on Pages (185-186)

Easy (325)

1	2	3	4	5	6	7	8	9	10
3	2					3	2	2	
2		3	2	3			2		3
2	2	2	1	2			1		3
	2		2	3	1		2		2
2		3	1	2	1	2			2
3		2	3			3	2	0	3
2	0	1		1	2	1		1	3
3	3		2	2		1		1	2
2		0	1		3	2		2	2
		3	3		2			2	

Easy (326)

1	2	3	4	5	6	7	8	9	10
3	2	3	3	2			2	3	
3	1	2		3	2	2	1		2
	3	2	1			2	3	2	
	3	0			3	2		2	3
	3	1	2	1		1		2	1
2				2		3	2	0	1
3		2	2	1	1	0	1		
	3	2	1	3	2	1			
2		1				1	1		1
	3	2	1	2	1	1			3

Easy (327)

1	2	3	4	5	6	7	8	9	10
	2	2	2	3			2	3	
2				2	0	3		2	1
		2	2	2	2				2
3	2	3	1		1	1	1		3
2	2		1		3	3	2	2	2
	2		1	2	2	1	2	2	2
3	3	1			3	1	2	2	2
1	2	0	1		3	1			3
			3	2				2	1
	2	3	1	2			1		

Easy (328)

1	2	3	4	5	6	7	8	9	10
	2	2	2	3	2	3	3	3	
2		2	1	3		2	0	2	2
	2	1	2	2	2		3		2
2	3	2	3	2	3		2		
	2			1	1	2	2	1	
	3	2	3		2		2	2	
3	1	0	3			2	2		3
2				2	1				2
2		3	0	1	3	2	2	2	3
	1	3	2			1	2	2	2

Easy (329)

1	2	3	4	5	6	7	8	9	10
			2	3		2	3	2	
2				2	2	1		3	2
2	2	1	1	2		1	3	2	1
	3	1	1		3		1	2	2
	2	2	1	1	1	2			2
3			3	2	3		2		
1		3	1	1	1	2	1	2	
1	1	3		2	1		2		2
	1	2	1	3	1	3	0	2	
	3		2				3	3	

Easy (330)

1	2	3	4	5	6	7	8	9	10
3	1							2	
3		3	0	2		2	2		2
3			2	1			1	1	2
		1	2		2		1	1	3
3		0	1	1	0	2	0		
3	1	2	3	1			2		2
2	1		2	2		1	1		
1	2		3	0	2				2
	1			1		1	2	2	2
2			2	3	2	1			2

Solution on Page (186)

Easy (331)

Easy (332)

Easy (333)

Medium (334)

Medium (335)

Medium (336)

Solution on Page (186)

Medium (337)

```
  2 2 3     2 2 1 1
2 2   2 2 3   2   3
      1 2       3   2
  1     2 2     2
  2   3 1 1       3
3 1 2 1   3   1   2
    2 2   2 3     2
3 0 1     1 1     1 3
3     2 2 3 2 3   3
  1 3 2 3 2 3 2 2 3
```

Medium (338)

```
3 3 3 3 3 2 3
2     2 1 3         3
1     3       2     2
1 3 1     2 3   2
      2   0 2 3 2 2
1 0 2 0     3       3
      3       2 2
  1 1   2 3 2 1 1 2
3 2   2 3 1   1 1
    2             3
```

Medium (339)

```
  2     2 2 3 2 3 2
  2 2 1     2 2 3
1 1     2   3 1   2
3   3 0 3
2 2 3   3 1 2     0 2
2   2 1 2     1 1 2
  3   3 1 2       1
    1 2       2   2
    3   0     1   2
3 1     2     2   2
```

Medium (340)

```
    3         3
2 1 1   1 0     3 3
  3 2 3 2 0 2     0
3   1 2     2   1
1   1 2     3 3
      1         1
3 1 3 3
3     2 1 3 1 1 2
2 1   2 2       2 3
2     2 2 2 3
```

Medium (341)

```
    3   3 2
2 2 1 1 2 1   2     2
  2 2 1   2       1
3 2       2 3     1
2 2   1 1 0 3 1 3 2
2     2 2   3     1
    1   3   1     1
2 2 2 3 1   1 2   2
2   2   2
          1 2 2   3
```

Medium (342)

```
          3 2 2 3
3 1 2 3 2   2     3
  2       2 1
1 1 3 2   2 2   2
3         1   1 1 3
2   0     2 2 2
0     0 3 2 1 2 2
2   2   3   2   2
3     2   3 2
2         1     3
```

Solution on Pages (186-187)

(59)

Medium (343)

1	2	3	4	5	6	7	8	9	10
	2	1		2					
		2		0	3	1	2	0	1
	2		2	1					
			3				1	2	2
2	2		2	2	3	2	2		
2		2	2	3		2		2	1
3	3	2	2	2		3		3	
1		0				1	1	1	3
3		2				1		2	
	1	3	2	3		2			3

Medium (344)

1	2	3	4	5	6	7	8	9	10
	2	2	3	3	3	3			
2	2			1	0	2	2	3	2
2			3	2		3			2
						1	2		2
	2	2	2	3	0	1			2
2			2			2	2		
3	2	0					2		2
2	3	2			2				3
	2			2	1	2			2
	3						2	2	3

Medium (345)

1	2	3	4	5	6	7	8	9	10
	2		3			3		0	
	1		0		2	0		2	
2			2	2	2	2	2		
	2			1	2		3		1
3	2	3	2	2	3			1	
	1		2		3		2	1	
3	1	2		2	2		2	1	
2		2	2	2		2			
2			3			3	2		
							2		3

Medium (346)

1	2	3	4	5	6	7	8	9	10
3					1		0		3
2	3	2			1		2		
1	2	1		3		3	2	2	
			2	0	2	1			
2	2	1			2			1	1
3	1							2	
2		2		2	1		3		
1	1	1	1	2	0		0	1	3
	3			3	2		1	1	
		1	2	2				1	

Medium (347)

1	2	3	4	5	6	7	8	9	10
	3	3	2	2	3	3	1	2	
			0	0	2	2			3
	2		2						
2	0	1	2	1		1			
			2		3			2	2
	3	2	3					2	2
		1		2			2	2	2
	3	2		2	2			1	2
2			2	2	3	1	3	2	3
2					2	3	2	2	

Medium (348)

1	2	3	4	5	6	7	8	9	10
2	3	3	3	2	0		3	3	
		2	1		3	2	1		2
2	1		3			1	2	2	2
	2		1						3
	2	3			2	1	2	1	2
1		1	1	3				2	
2		3			2			1	
				2	2	1			
		2	2	2	1	1			2
3		3		1	2	2	2	2	

Solution on Page (187)

Medium (349)

Medium (350)

Medium (351)

Medium (352)

Medium (353)

Medium (354)

Solution on Page (187)

(61)

```
  2 3     2     1 3     3
2           2 3       2
1 1       2 3 0     2 2
2       3           3 1 2
3 2 1 2     1 2
    1 3 2 1
  2     3         0     1
  1     1         2     1
3 1 0 2
      3           3 3 2 0
```



```
            2 1 1
1       2   1 1 1 2 2
0 0 2         3     3
1 2       2 2 2 0     2
      2 3 2 2 2         1
        2 2 2           2
                  0 1 3
2 2 3             3 2
2     2 1 2     2     3
        2     3 2 3 3 2
```



```
    2 3 3     3
2     2     2           3
  2         2 1 1 1 1 3
  1 2           2
  1       2 1 2       2
2 0       2 1       2 2
3       2 3       3
  2       2 0 2 0 2 1
  3           2       2
  2 3 2         1   2
```



```
    2 2     3 3 2 2 3
2     2 2 2 0     1 3
  2 2         1 0     1 3
  2 1                 3
    2 2 2 3 2 2 2
    3 2 3 1 2 1 2 2
                1
                2
2     2 0 2 0 1 0
3 2 1 2         3 3
```



```
  2 2             2 1
    3 2     2       0 2
  2 2 1 3 3 1
1 1 2         1 2 1 3
1 0 0       2       2
  2           1     2 1
2       2 1
3       3       2
3       0           2
1 2     2 3     1 0 2
```



```
    2 2     3       2
2         2 1   1     2 3
3 0       2 2         3
2       2 3 2 3       3
2 1       1       1 2 3
3 1 2 3     2         2
              3     2
          2 2 2     1
    3 1 2         0 2
          3 3 3 3 3
```

Solution on Page (187)

Solution on Page (188)

Medium (367)

Medium (368)

Medium (369)

Medium (370)

Medium (371)

Medium (372)

Solution on Page (188)

Medium (373)

```
. . . 1 3 2 2 3 . .
1 2 2 3 2 3 . . . 2
. 3 . . 1 2 . . . .
. 0 1 . 2 . 2 . . .
. 2 . 3 1 . 0 1 1 3
2 . . . . 2 . . . .
3 . . 2 . . 2 0 . .
3 1 3 . . 2 . 3 2 .
3 2 . . 1 1 . . . .
. 1 . . . . . . . .
```

Medium (374)

```
3 . . 3 1 . 2 3 1 1
. . . . 1 . . 3 . .
3 . 3 . 2 1 1 3 . .
2 . 2 . 3 . . . . .
. 2 1 2 . . 2 2 . .
1 2 . 2 2 2 . . . .
. . 0 2 . 1 . . . 3
3 . . 3 2 . 3 2 3 2
3 . 2 2 1 . 2 . 1 3
3 1 . 3 2 3 2 2 . .
```

Medium (375)

```
. 2 0 2 . . 3 . . 3
2 . . . . 2 0 . . 2
2 2 2 2 . . 1 2 . 2
2 1 . . . . . . 2 3
. 2 . . . . . . . .
. 3 . 2 2 . 1 2 . .
2 . . 1 . 1 1 . . .
1 . 2 3 . 1 1 1 . .
2 . 1 . . 2 2 . . 2
. 2 3 3 3 . 2 3 3 .
```

Medium (376)

```
. 3 3 3 . . 2 2 2 .
. 1 2 0 . . 2 . . .
. . 1 0 . . 3 . . 2
2 2 1 . 2 3 3 1 3 .
. 1 1 3 1 . . . 3 2
2 2 . 3 2 3 1 1 . 2
. . 3 2 . . 2 2 3 .
2 . . 2 . 2 2 . 2 .
. 3 1 . . . . 2 2 .
3 . . . 1 . . . . .
```

Medium (377)

```
. 2 . 2 3 . . 2 . 3
. . 2 2 . . . 2 . 2
2 2 . 3 . . 2 . 2 2
3 2 . . 1 2 . . 2 3
3 0 . 1 2 1 2 3 2 2
2 1 1 1 . . . . 1 3
2 2 . 1 2 3 2 3 3 .
3 . . 2 . . 2 . 2 2
3 . 2 2 . 1 . . 3 .
. 2 . 1 . . . 2 3 .
```

Medium (378)

```
2 1 2 . 3 2 3 2 . .
1 1 1 2 2 . . . . 2
2 . . 1 . 1 2 . 3 2 3
. . . . . . . . . 1
. . 2 2 3 1 . 3 2 2
. . 1 1 3 . 3 0 1 .
2 2 2 . . 1 2 . 2 .
. 3 . . 2 . 1 . . 2
. 2 1 3 2 2 2 . 2 3
. 3 . . 2 3 2 . . .
```

Solution on Page (188)

Medium (379)

1	2	3	4	5	6	7	8	9
	2		2		2		1	2
		1	3	2	2	2	2	2
3	2	2	3	1			2	
3	2			2	3	3		
	1	3	3		2	2	2	1
			0	2	2	2	1	
2		0	3	2		2	2	3
3	3	1	1	2		3		2
2		2	3			2		

Medium (380)

1	2	3	4	5	6	7	8	9
1			1		2	3	2	2
0			2			3		2
2			2	2		1	2	0
		3	1	2	3		3	
2	3	2	3	2	3	2	2	2
1	2	2	1	1		2	2	1
	2	2						2
	2	3		2	0	1	1	3
2	2	3						
		2		2		2	3	3

Medium (381)

1	2	3	4	5	6	7	8	9
						2	3	
	3		3	1	3		1	3
2	1	2	2					
	2		2	2		2	2	2
			2	2	1		2	3
1		1		1	1	1		3
	1	3		1	0	3	1	3
1	1							
2	0					1		1
	2		2	2	2			

Medium (382)

1	2	3	4	5	6	7	8	9
2	1	1	3	2		2		
3					2	2	2	
0	2	1	2	3	1			
2	1	2	1		1		2	
	1				0	2	2	2
	3	2						2
1	1	1	1			2		2
	3					3		3
	2	2				2		2
2	3							

Medium (383)

1	2	3	4	5	6	7	8	9
3	2	2	2	2	2	1		3
	2				3	1		2
	2		2	2	2	1	3	2
			2	2			2	1
	2	1	2			3		3
2	1		0	1		2		2
2	1		1		2	0	3	
	2	3	2	1		1		2
3		2	1	0	2			3
3	2	2		3			2	

Medium (384)

1	2	3	4	5	6	7	8	9
3		2	2	3	2			2
	2	2					3	
			2		2		2	
	2	0		0	1	3	2	2
3	3	2		3		1		2
2	2	2	2		1		0	3
3		1					2	3
3				2				3
3	1	2	1	3	2	2		3
2	3							

Solution on Pages (188-189)

Medium (385)

1	2	3	4	5	6	7	8	9	10
2		2			3			2	
2		1	2	3	2	1		2	
1			1		2		2		3
1	0	2	1		1	3	1	1	1
			1	2	1	2		0	
2		2	2	1	2	2			
0		2				2	3	0	2
						1	2	1	
	2					1	1	1	
	1	2	2				2	3	

Medium (386)

1	2	3	4	5	6	7	8	9	10
3	2	2	3	2	2	3	3	2	3
3		2	1			0			3
								2	2
	2		2	1	1				3
1	2		3				3	2	2
			2	2	1		1		2
	2	1	2					3	3
2	3	2		3	1	3	2	1	2
2		2					2		2
			1		3	2			3

Medium (387)

1	2	3	4	5	6	7	8	9	10
		2		2	2	2	2	2	3
2	2	0	1	3					1
2		2	0	1	2	2		2	1
	1	3			1	3			
			2				1		3
2	1		3		2			1	2
3			1		2	3		3	3
2			3	3		2			
1	1		2	2					
	2	2	3		1	2	3		3

Medium (388)

1	2	3	4	5	6	7	8	9	10
	2		3	2	2			1	
	2	3	1			2	1	3	
2			1	3					
2	2	3			2				
3	1			1	3		2	1	1
3		2	2	2	2	3			
3	0	3	1	2	2				
					2	3	2	2	3
									1
	3	3	3	2					

Medium (389)

1	2	3	4	5	6	7	8	9	10
			3	3		2		2	
2		2	2	1	2	2	2		
2	1		2			2		2	1
2	3	3		1		1		1	2
1	1	1	1			1	2	1	3
								1	3
3			2	2			2	1	
	0	1	3		2				3
	1	2					3	2	2
	3	3			3	2	1		0

Medium (390)

1	2	3	4	5	6	7	8	9	10
	2	2	2	1					
		2	1	2			2	1	2
			1		1				
2	0	3			3				3
1	1				1	0	2	0	3
1					3				
3	3	2	3		2				
1		2			1	2			
2		1	1	1			1	2	
	2			2	3	2	2		3

Solution on Page (189)

Medium (391)

```
  3 3 .   1 .   . 2 2 .
  . 0 .   1 .   2 .   . 3
  . 2 .   .   1 1 1 .
  1 .   3 2 .   3 3 .
3 .   2 2 2 0 2 1 .
3 0 .   3 2 .   1 .
  .   2 .   . 2 1 2 2
2 0 .   .   .   . 2 3 2
2 1 .   2 2 0 2 1 .   2
2 .   .   .   2 3 .
```

Medium (392)

```
  .   . 2 1 3 1 .   3
1 .   2 .   3 .
  3 1 .   2 2 0 2 .
  .   1 2 .   2 .   1
3 .   3 .   1 1 .
3 1 2 .   1 .   2 2 .   0
  .   3 .   2 1 3 3 2
  2 .   2 .   2 .   3
  1 2 .   1 3 2 .   2
3 1 1 1 2 2 2 .
```

Medium (393)

```
3 3 2 1 3 2 .   1 .
1 .   .   .   0 2 .   3
1 .   1 .   2 1 1 3
1 .   2 .   3 3 .   2 .   2
3 3 .   .   1 2 .   1
  0 .   .   3 .
  .   2 0 1 1 1 2 .   1
2 3 1 1 1 .
  .   .   3 .   0 2 .   2
  1 2 2 3 .   1
```

Medium (394)

```
  2 2 3 3 3 2 .
  .   2 1 .   2 2 2 1
  2 .   2 .   2 .   2 3
  1 .   1 .   .   2 3
3 2 .   2 .   1 .   1 3
  .   2 2 2 .   .   3
  2 2 0 3 .   2 0 3
  1 .   2 2 1 3 .   3
  2 .   2 1 .   2 .
3 .   .   1 1 2 1 1
```

Medium (395)

```
  2 .   2 .   2 3
  3 2 .   0 2 2 .   2 2
  3 1 2 2 3 3 .   2
0 2 2 2 .   2 .   2
0 .   2 3 .   3 2 .   1
  3 .   1 .   2 3 3
  .   2 .
2 1 .   1 .   1 3 1 3
  1 0 1 .   2 1 2
  3 3 3 2 3 .   3
```

Medium (396)

```
2 3 3 3 3 2 .
3 .   .   .   2
2 2 .   1 3 .   2
  .   1 2 2 .   2
2 .   2 2 2 .   0 1 2 3
2 .   3 .   3 3 3 3 2 2
  1 1 1 .   1 2
3 3 .   2 2 2 3 .   2
  1 .   2 1 .
3 .   3 3 .   3 3 3
```

Solution on Page (189)

Medium (397)

```
3 . . . 2 . 2 . 2 2
. 2 . . 2 . 2 . 1 2
2 2 . 2 3 2 0 1 . 2
. . . 1 1 . . 2 . 0
2 . . 2 2 2 . . 1 1
2 . 1 . . 1 1 . 2 3
2 1 1 2 . . . . . 3
2 2 . 2 1 2 2 . 2 .
. 2 3 1 2 1 2 . . .
1 3 1 . . . 2 3 2 .
```

Medium (398)

```
. 1 . 2 3 . . 3 . .
. . . . 2 . . . 2 2
. . 2 . . 3 1 . 3 .
1 2 . . . 2 . . 1 .
2 1 2 1 2 . . 2 . 2
3 2 . 1 1 2 1 1 2 3
3 0 2 1 . . . . . .
3 . 3 2 3 2 2 1 . .
3 1 2 . . 1 . 2 . .
2 3 2 3 3 . . 2 3 2
```

Medium (399)

```
. 3 . . . . 2 2 3 .
. 1 . . 3 3 1 0 . .
. 3 . . . 2 . 1 . 2
2 0 . 2 2 3 2 2 2 3
. 1 . . . 2 . . . .
. . . 1 3 1 . . . 3
. 2 1 . 2 1 . . . .
. . . . 0 0 1 1 2 3
. . . . 0 . . 1 . 2
. 3 3 3 3 3 2 1 2 .
```

Medium (400)

```
. . . . 1 . . . 3 .
. 3 3 3 . . . . 1 2
. 1 . 1 . . 2 0 . 3
2 2 1 2 . . . 1 1 3
1 3 . 2 2 2 . . 3 .
. 3 0 2 2 . . . 2 .
2 . . 3 . . . . . .
3 . . 1 . 1 1 2 2 3
. 2 . 2 . 1 . . . 2
3 . . . 2 3 3 1 2 .
```

Medium (401)

```
. 1 2 3 3 3 3 . 3 .
. 0 1 . . . 2 2 2 .
2 2 3 1 2 2 1 1 . .
. . 2 . . . 2 . 1 1
2 0 0 . 2 . 2 . 1 .
. . 1 2 1 1 . . 2 .
. . 2 1 . 1 . . 3 .
3 1 1 3 2 . 3 1 . 2
3 . . . 1 . . . 1 3
. 1 2 . 2 3 2 . . .
```

Medium (402)

```
2 1 2 1 . . 2 . . 3
2 1 . 2 3 3 2 3 . .
2 2 . . . . . 1 2 3
. . . 1 . . 3 2 2 2
. . 2 . . 2 2 1 3 3
2 . . 1 . 2 2 3 . .
. 2 . . . 1 . 2 . 3
3 1 2 2 3 . . 1 . 2
3 . . 1 . . 1 2 3 .
. . . 3 . . . 1 0 2
```

Solution on Pages (189-190)

Medium (403)

```
      3         1 2 3 2
2 1 0     1       2     1 2
              3 2 3 2
              2
2     2         3 0 2 2
2         3 1             2
2             1 0     1
3 1           1 1     3
3       2         2 2     2
              3 2 1       3
```

Medium (404)

```
        2 3 3 3
                  1             3
1 2 1       3
2 2             1     1 3 1 3
    1 0     1                 2
    3 3 2 1             2 2
2 0       1 2 2             1
                1             2 1
1 1 2       1 2 3 1         3
    1                 3 2 1
```

Medium (405)

```
3     3 2             2 1
    1         3             1 1
                  1         1 0
3 2 0 3       2 2         1 2
2     1       2 1 0
      2                 2     1
    2         2         2
1     1 2       3 2 1 2
2     1                 2 2
3             2 1 1 3
```

Medium (406)

```
              2 2             3
3         3 2 3 2         2
3 1 2 2 1
    1         2 2 3 2
1             2 2 2             1
3 1               3             2
3                 2         2
3 0 2 1 2 1 2 1 1 2
2 2     2       1       2
1 3 2 2 2             1     3
```

Medium (407)

```
3 3 2 3 1 2 3         2
2         2                 2
2         3       2 3 3 3 3
2 2 0                         1
      3                       1 2
          1       2             2
2 0 2                 1         3
3 3       2             2 2
1         2             2
3 3       2       2       3     3
```

Medium (408)

```
    1               3       0 2
    2 2 1 0
    2 2 3 2 1 0         1
    1 2       2           3 2 2
        2 2 1 2 1 1 2
1 1 1                         2
1       1 2       2               2
2 3 3 2 2 1 2 1 2
2     1           3 2 2
2         2       1         3 3 2
```

Medium (409)

Medium (410)

Medium (411)

Medium (412)

Medium (413)

Medium (414)

Solution on Page (190)

Medium (415)

1	2	3	4	5	6	7	8	9	10
3		3	2				2	3	
		1				3		2	1
		2	2	2	3	2			
		1	3	1		0	1		
2	2	3			3				2
3			2		2	2	3	2	
2	1			2	2	1			
	1	2		3	2	3		2	
	0	3						3	1
	3		1					1	3

Medium (416)

1	2	3	4	5	6	7	8	9	10
				2	3	2	1	1	
3	2	2	3				1	1	
3	0	2				3			2
3		2				1	3		
		1	2	1			3	2	2
2		2	2	0			2		2
			1						3
	0		2						3
	1		0	2	1	3			3
	3					2	1	2	

Medium (417)

1	2	3	4	5	6	7	8	9	10
			2		3				
3	0	1	1				1	2	2
3	2	2		1	1				2
	2	2	2	1	2		1	1	2
	2	2	3			1	1		2
3	2	2	1	1	2	3	2	2	2
2	2			1	1			3	
3	2		1	1			2	2	
2	3			1	1				
		2	3		2				

Medium (418)

1	2	3	4	5	6	7	8	9	10
			2	2	3		3		
3		1	3	2	3	2			
3	1					1			2
	1	2	2		2				
3	2	2	2	1			3	2	
2	2	2	3			2	2		
		2	0	2	0	2	3	2	
	1	2	2				1	1	3
	2					2	2	1	2
		2	1	2	2	2			

Medium (419)

1	2	3	4	5	6	7	8	9	10
2	2	2	3	2	1	1	2	2	3
2			1		2		2	3	2
		3		0	0			2	3
			0		0	1	2	2	2
		2	2		2				2
				2			2		
				1				2	
	2	2	3	3	2	3			
		2	2			2	1	3	
		2	2	2		2			

Medium (420)

1	2	3	4	5	6	7	8	9	10
						1	3		3
	3	2	3	1	2	3	2		
	2		1	2	2	1	0		
2	0	3	1		2		1		
	1		1		2	1	1	2	
		2	2	2		2			1
3	2						2		2
3	0	1	0	1			1	1	
2			1	1	2		2		
1	3		2				3	2	

Solution on Page (190)

Medium (421)

1	2	3	4	5	6	7	8	9	10
	1	2		3			1		
		3	0	2	2		2	2	1
				2	2				1
1		2	2		3	3		0	2
		2	1	2	0	2	1		
2	1	1	1		2		3	1	3
	1	1	1						3
3	1		2		2				3
	2		1	2	2		2		3
3				3	2			2	

Medium (422)

1	2	3	4	5	6	7	8	9	10
		1	2	2	3	2	3	2	
1	1	1		3	2	2			
	2			2	2	2			
2	1			3	1	1			2
	1			2		1			2
1		2	2		2		1	2	2
	3	1	0			1	2	2	1
			1	1	3			1	
				2		0	2	1	3
	2	2	2	2	3	3	3		

Medium (423)

1	2	3	4	5	6	7	8	9	10
	2	2			2		3	2	
3	2		1	3	2	3	1	1	2
2	0							1	2
	1	3	0	3	2		2	2	2
					0	2		2	
3				2	1		2	2	
3		2	2		1		3	2	3
2					2				2
	3	2	2		1		1		2
					3	2	2		3

Medium (424)

1	2	3	4	5	6	7	8	9	10
	3	3	3			2	2		
			1		2			1	2
2			2		2	1	2		
	1	0			3	2		1	3
2	2	0	2	1					
2			3				2	2	
3		2		3	1		1	0	2
3	1		3	2					2
	3		2	1	3	2	3	2	
3		2	3	3	2	3		2	

Medium (425)

1	2	3	4	5	6	7	8	9	10
	2	2	1			2	3	2	
	2	1	1		1		1	2	2
		2	1			2	2	2	1
	2	1			3		2	0	
		3	1	3			2	0	
	3	2			2				
	2	1	3	2	1	1			3
		2	2	2				2	3
		1	3	2		2	1	0	3
3		2					1		

Medium (426)

1	2	3	4	5	6	7	8	9	10
1	1	0	1	3	2	3	1	2	
	2	1	2	2			2		2
	2	3	2				2		
0	2	2	2				2	1	
0						2	3	2	3
		3					1		
3		2	1		0		2		2
	2		1				0	2	2
2		1		2		2	1		2
	3	3	2	0					

Solution on Page (191)

Medium (427)

	2				2	2			
2					1	3	2	2	2
2		3	2	2			1		2
2	2			1			1		0
		2			2		1		2
	2	2		1	1	1		1	
3	0	3		0	0	2		2	2
2			1				2		0
			1			1	2		
	2		3	3					

Medium (428)

				1		3	3	2	3
2						2			
3	1	1	1	2	1	3	1	1	
2		0	1	2		2	2		
1		2		1				2	
	2	0	3	1	1	2		1	
1	2	2	3	1		2			3
1			2	2	2	1	2		
2		1		2					
3	3	2			2	2	3	2	

Medium (429)

	2	1	1	3	3		2		
2			2	2		2		2	2
2			1	2	2			2	
2			3		2	3	2	1	2
	1		0				2		
	2								
0	2						2		2
	3		2	3	1	0	2	2	3
1	2	3		2	1	1		2	
					2	2	2	2	3

Medium (430)

2				3			3		1
1				0			0	3	
				0			3		1
2	2							1	
	2					2		1	
	3			2			3	3	3
1	0								1
									0
	3	2			1				
				2	0	0			2

Medium (431)

3					2	3		2	
1		0	1		3		2	2	
		2	0		1	2			3
2	2		2		2	3			2
2			3				2		
	2		1	2		2	2	1	2
	1			3	1	1	3	2	
2	0	3	1	2	3			1	
3			1	1	2		1		
	1	2			2				3

Medium (432)

2			2			2	3	1	
		2	2		1				2
			2		0	2	1	3	2
1	2			3	3	3	2	1	1
2				2	2		1	3	
2		1	2	2			3		
		2				1			2
		1	2	1	2	1	2	2	3
		3			2		2		2
3					3	2	2		

Solution on Page (191)

Medium (433)

Medium (434)

Medium (435)

Medium (436)

Medium (437)

Medium (438)

Solution on Page (191)

Medium (439)

1	2	3	4	5	6	7	8	9	10
	2	2	3	2	2	2	3	2	
3	2	3	2	2	2			2	
3	0							2	1
		0	2	2	3	2			
	0				2		1		2
3	1		2	1	0	1	1		3
	2	2		1	1	1		1	
2		2	2			2			
2		2		3	1		2	1	3
3			2		2	3			

Medium (440)

1	2	3	4	5	6	7	8	9	10
	2		3	2	3	2		3	3
	3					0			2
	3		0				1		2
	1	2	1	1	0	2		1	3
1			2	3	1	0	3		3
1			3			2	2		1
3	3	2			2	2			2
1			1			3	1		3
2	2			3			0	1	
	1	1			3	2			3

Medium (441)

1	2	3	4	5	6	7	8	9	10
3				2	3	2	2	2	
	3		1	1			2	1	2
2	2	1	2		2		1		
3	3	3		3	0	1	2		2
2	1				1	1			2
				1					
		2		1		3			
						2		3	1
1	2	0	2	1	2	3	0		2
	3	3						3	3

Medium (442)

1	2	3	4	5	6	7	8	9	10
		1				2		2	2
2		2	3						2
			2		2	3	2	2	2
2			3						2
2	1	0	3	2		2		2	3
	1	2		1		2	3	2	2
	2	3	1			0	1	2	3
	2	3	1	2	2				2
	1		1						
	3	3		1	1	1			3

Medium (443)

1	2	3	4	5	6	7	8	9	10
	2	1	1					3	
3					1	2	3	0	
2	1		3				3	2	3
2	1	2	3		0			1	
2		2	2		1			1	2
2		2	3	2			0		
			2			2	1		
			3	2					
3		1	1		2	1		0	3
		2	2	1	1		3		

Medium (444)

1	2	3	4	5	6	7	8	9	10
	3	2			2	0	1	2	
	0	2		1		3		1	
	1	2	2	3	1	2	1		
	2		3	2		3		1	2
				3		3	2	1	2
						2	1		2
	3	3	2			2			2
	1			2	1	3		2	2
	2			2	2	1	3	1	
	2	1	1	2	2				2

Solution on Pages (191-192)

Medium (445)

	3	3	3	2					
	2			0			3	3	
3	2			1				2	
	1	2	1	1	1	3	2	3	
	2			3	2	3		2	2
2		2		2			2	1	
		2		3	0		3	2	3
	1	2		2			1		
1	1		3	3	1	3	1	3	

Medium (446)

3	2	3	2			2		2	
				2		1		1	
				1	2	2		2	
3		2	2		3	0	2		3
		2	2		2	2	2	2	2
			2		3		3	2	3
		2		1		0	1		2
3	1	0		1	3	1			2
3		0	1			1			3
			3				2	1	1

Medium (447)

3		2		1		2		2	
2		1		0	2	2	1		
2						1	0	1	3
3	3	3					1	2	
2		0				1	1	3	
2	3	2		2	2	1			
3	2		2			2	1		1
2	2		2	2	3	2			3
2		2		2					2
3		1			3				

Medium (448)

			3		1	3	1		3
3	1	1	0	3	2				
1		2							
1	1	3	1				2		3
	2		1				3	1	2
	1	3	1	2			2		3
	3		2	2	2	3			1
1	2		3	1		2	1	3	
2			3	1			2		
	2			1			1	2	

Medium (449)

				2			1		
	2	2	3	2	2				3
1	1			1	2			1	3
1	1	2			2	3		2	1
3			1	1		2			2
3	2	3			3	3	2		3
		1			2	0	2		3
2		2				2	2	0	3
		2			1	2	1	1	3
		1	1			2			1

Medium (450)

	3	2				2	2	1	1
2	2	2			1	3	1	2	2
		3			2			1	2
3	0			0			3	1	
	2		3		2		2	2	2
3	1		1	1	3	2		2	2
3			2		2			2	
3			2		1			0	2
2		2	2	1		1		2	3
1			2		3				

Solution on Page (192)

Medium (451)

```
0 . . . . 3 2 . 2 1
2 2 1 . 2 . . . . 2
3 . . . 2 . . . . 1
3 . 2 1 3 . 1 2 3 3
. 2 3 . 3 2 1 . 2 2
. . 2 . . . 2 . . .
3 1 . 2 . . . 1 . .
. . 3 1 . 2 2 1 . .
. . 2 . 2 0 1 . 1 .
. 3 3 . . . 2 . 3 .
```

Medium (452)

```
3 2 . . 2 . . . . 1
2 1 . . 2 . 1 2 2 .
3 1 . . 1 1 2 2 . 3
2 . . . 1 2 2 2 . .
2 . 2 . . 3 . . . .
3 . . 3 0 2 . . . 3
3 1 2 . 1 1 . 3 1 2
2 . 2 1 1 2 2 2 . .
2 2 . 2 . . 2 2 3 2
. . 2 2 2 . 1 2 3 .
```

Medium (453)

```
. 2 1 3 3 3 . 3 . 0
2 . . 1 . 1 . . . 2
3 . . 2 . 3 2 3 2 .
3 . . . . 2 1 3 . .
3 2 3 . . 3 2 3 . .
2 1 1 1 2 . 1 1 . .
2 . 1 2 2 . . . . .
2 . 2 2 2 2 2 . 2 .
. . . . 2 . 1 . 0 .
. 2 . 2 3 . 3 . 2 .
```

Medium (454)

```
. . . 1 . 3 2 . . .
2 3 2 1 1 . . . . 2
3 . 2 . 1 2 1 2 2 3
. 1 . 0 2 2 . . 2 1
. 3 . . 2 1 2 . . .
1 . . 2 2 . 2 . . 1
1 . . . . . 2 1 . .
1 2 2 1 . 0 . . 2 3
2 . . . 2 0 . . 0 3
2 3 . . 1 . . . . 3
```

Medium (455)

```
3 1 1 . . . 3 1 . .
. 1 1 0 2 3 2 3 2 3
. 1 . 2 1 . . . . 2
. 2 . . 2 2 2 . . 2
. . . 2 1 . . 3 0 3
2 3 2 . 2 . . . . 3
3 . . . 2 3 . 2 1 3
2 . . . 2 . . 3 2 3
. . . . 1 . 1 . . 1
. 2 3 3 . 2 2 . 2 .
```

Medium (456)

```
3 . 2 2 3 2 3 3 2 .
. 1 . 2 . 1 . 2 0 .
. 2 2 2 3 2 . . 2 .
. 1 3 . 2 . . . . .
. 2 . . 3 . 2 1 . .
. 2 . 0 3 . 3 2 2 1
. 3 . . 3 2 2 . 3 .
. 2 1 . 2 2 0 1 1 .
. 3 . 1 . 3 2 . . .
. 2 . 2 . . . 2 2 3
```

Solution on Page (192)

Medium (457)

Medium (458)

Medium (459)

Medium (460)

Medium (461)

Medium (462)

Solution on Pages (192-193)

Medium (463)

3		2	2			3		2	2
2	1	2	2						2
3	2		1	2	2	2	3		3
3	0	2		2	0		2	1	3
3	2		2	2	1			2	
	1				1	0		2	3
		2		2	1	1			2
	1	2	2	2	1	0		2	2
			2		2	2		2	2
1	2				2			2	

Medium (464)

		2	1	2			1		
3	1			2		3	2		2
	1		2	3	2		2		3
	2		2				3	1	3
	1		2						3
	2		2	3					3
2	2	2	1	2		1	2		2
2					2	1	2		0
	2				0			3	2
	2			3	3	2			

Medium (465)

3	3	3	3	2				2	
2			2				2	2	
3			1		1			3	
3	0		3	3	2	3	2	1	
	2			2	2	2	2	2	3
1	3	2			2		3		3
2	2		1						3
2	2				2				2
2							0	1	1
3	2	2				2	1	2	

Medium (466)

	1	1		2	3	2	2		
	1	1	2	2			2	2	2
					2		2		2
					2		2	2	3
	2	2							2
3			1	1		3	2		1
2	2			2	2		1	2	3
3		3		2	2	2	3	2	2
3	0			1	3	1		2	
	3				2				2

Medium (467)

1	3	3	3	2	2	3			3
		2		1		1			1
1	1	1			2	2			
		2				2	3	3	2
		3	1			1	0	2	
	2		2			3	2	2	1
2	1	2	2			2		2	
		3		1			2	1	3
		1	2	1					
	3	3		3		1			3

Medium (468)

		2	2	3			3		3
3			1			2	2		
2				2			1	3	3
2		2	2	1	0	2		2	2
3	1	0	2	2	3				2
					2	2			
					3	2	1		1
2		1			2	2	2	2	
1			2			1			
	3	2	2	2	1	2			

Solution on Page (193)

Medium (469)

	3	3	3	2					3
2			2			2	2		
2	2					2	1		2
	2		2	0	3	1	2		2
1	1		3	2	3	2	2	2	2
1			3		2	2	1		2
	2			3			2	3	
2			1	3	2	1	2	2	
1		2	1	3				2	

Medium (470)

	1		2				2		
	2		0	3		1	1	1	2
2	1		3				2		
3		2				3			1
2	1				2	2			3
				2	3	2			1
2		2					0	3	
	2	1	3	2	1				2
2									3
		3	2	1	3	3	2		

Medium (471)

2	1	2	2	0					3
2	1					2	1	1	
2	3	2		2	3	3			2
	2		2	2		2	2	3	2
				2	1				2
3	1	1	1				1	1	3
		2	3	1	3	2			
		3							
2	2				2		2	3	2
	3	1							

Medium (472)

	3	3	2	3	2			2	
2	2	1	3	2			2	2	3
2	2			3	2				3
3			2				1	3	
2			2						3
2	1		1	1			2	2	
3		3	0		3	2		3	
2		3	2	2	2	2	0	2	2
	1		2	2	3	2			
1	0	1			1	2			

Medium (473)

		1		2		2	3		
3	3	0	1	2				1	
2	1				1	1			
		2	3		0	1	1		
	0		1		1		3		
		3	0			0	2		
2	3	2	3		2	1			
2	1	2		1		1	1	2	
2	2			1			1		
	2	3		3	3		3		

Medium (474)

	3	2	3	2	2			3	
		1		2		1	1	2	
3	2	2	1	1		2			2
	1	2	1				1	1	
	2	2	2					1	
	3				1	3	1		
1	3	3	3	2	2				3
	2	0	2	1	2	3	1		
2	1	3	2	3				1	
	2		3	2		1	2	2	

Solution on Page (193)

Medium (475)

Medium (476)

Medium (477)

Medium (478)

Medium (479)

Medium (480)

Solution on Page (193)

Medium (481)

```
.  2  .  .  3  .  .  .  2  2
2  1  .  .  .  1  2  3  .  3
1  1  .  .  .  2  .  2  2  1
.  .  .  .  .  1  0  .  .  .
.  2  3  .  .  2  .  .  2  0
3  .  .  .  .  1  .  .  2  .
3  .  2  2  1  .  .  1  0  2
2  .  2  2  .  .  .  .  1  2
3  1  .  .  3  2  3  2  2  2
.  .  3  3  2  2  .  .  .  .
```

Medium (482)

```
.  .  2  .  .  3  .  1  2  2
.  3  .  .  .  1  .  .  .  .
2  1  3  3  .  3  .  .  .  .
.  .  1  0  .  2  .  2  .  3
.  .  2  .  .  2  .  3  2  3
.  1  3  .  2  2  2  1  .  2
2  2  3  2  3  3  .  3  .  .
3  1  .  .  .  1  .  1  .  3
.  3  .  .  2  .  2  1  .  .
.  2  2  1  1  .  .  3  3  .
```

Medium (483)

```
.  3  .  3  .  .  .  3  .  .
2  2  1  2  1  2  .  1  .  2
1  .  2  .  2  2  .  .  .  2
1  3  0  2  2  1  2  1  2  3
1  3  .  .  .  .  .  .  .  2
3  .  .  1  3  2  1  2  1  .
1  .  .  .  .  1  .  3  .  2
2  2  2  .  2  .  2  .  1  2
2  1  .  .  2  .  2  2  .  3
3  2  1  .  2  2  3  2  2  3
```

Medium (484)

```
1  1  2  .  .  3  .  .  .  .
.  .  .  3  .  .  1  .  2  3
.  1  .  1  .  2  1  1  0  3
.  .  .  3  2  .  .  .  .  2
2  .  .  2  1  .  .  2  1  2
.  .  .  2  .  2  2  .  .  3
.  .  .  2  2  2  .  3  2  3
2  3  2  2  0  2  1  2  .  .
.  .  2  2  1  .  .  2  3  .
.  2  .  .  .  2  3  2  .  .
```

Medium (485)

```
.  3  2  .  .  2  3  2  2  1
1  1  .  3  .  2  1  .  2  3
.  .  2  0  .  3  .  2  .  .
2  1  1  2  .  .  .  .  .  .
3  .  .  3  .  .  3  3  .  .
.  .  .  2  .  2  2  1  0  2
.  2  .  1  .  2  .  1  .  .
.  0  3  .  1  3  .  .  .  .
.  2  3  .  2  .  .  .  .  1
3  .  .  .  2  3  2  2  1  2
```

Medium (486)

```
3  .  .  .  1  1  .  .  .  3
.  3  2  3  1  .  .  .  .  2
.  2  .  3  0  2  2  .  .  3
.  2  .  2  .  3  .  .  .  3
.  3  .  .  1  2  3  .  .  2
1  2  .  .  2  3  .  .  .  .
.  2  3  2  2  1  2  1  2  2
.  1  .  1  .  1  1  2  2  2
.  3  .  .  .  .  2  .  3  3
.  2  .  .  .  .  .  .  .  .
```

Solution on Page (194)

(83)

Solution on Page (194)

1	2	3	4	5	6	7	8	9	10
		2		3			3		2
1				1			1		3
1	2				3		2	3	2
1		3	1	0	1	2	1		3
2						2		1	3
2				1		2	3	1	
		1	3	1			2		
2			1	1		1	2	1	1
1		2	3	2		2	3		1
	3	2			2	0	1	2	

1	2	3	4	5	6	7	8	9	10
		1		2			3		
1	1					1	2	1	3
	1	1	1	1			3		
	3	2	2				2	1	
	1		3	3			2	3	
	2	1	2					2	2
	2	2	3	2	3	3	3	2	
2				2	2				
	1			1	1		2		
	3	3	3	3	3	2	0	1	

1	2	3	4	5	6	7	8	9	10
	2	0	2	3				1	
1		3		2		2	2		
2	1				1	2		1	2
	3	2	3				0	1	
	1				1	1			3
2	0					1			3
3	2				3			1	3
2					1			2	2
1	1	1		1	1				2
2		2		1	2	1	2	2	3

1	2	3	4	5	6	7	8	9	10
		1				1	2	1	
2	2	1		1		2		1	1
3		3	3	2		2			
3	0		1			3			
	3	3			2	1	2	2	2
1	1				3	2			2
				2	1	1			3
	3	2	3	2	2			2	
	1		2	2	2				2
	2		3			2	3		

1	2	3	4	5	6	7	8	9	10
	3	3		2	2			3	
2	2	1	2	0	1	3	1	2	
				1		1	1		2
2			2	2			2	2	
		2	2	3	1	2	1	1	
		2	1			2		2	2
			2		1	1		2	1
			2	2		2	1		
2				0	2	2		1	
0	2			3	3	2	3	1	

1	2	3	4	5	6	7	8	9	10
	3	2	3	2	3	1	1	2	
	3	1	2	2		2			1
	2	3	2						
3			1	3		2		2	3
2	1	3		1	2	3			2
1	2			1			2	2	2
	3	0			1	0	2		
2	3				2		3		
2			1	3			1		1
					2	2	2	2	3

Solution on Page (194)

Medium (499)

```
1       2 3 2
1 2         1           1
3       1 0 1 2 2 3
3 2         2             1 1
  1     3 1 1 3       2
2     2     3         2
2     3     3 0 2       1 3
3 1 3 1       2 2 2 2
  1           2 1
  1     2 2       1 1
```

Medium (500)

```
    2 2 3 3     3 2 3
2     2 3     1 0 2     3
2 2 0     1       2 3 2
3 3 3         2     1 3
2 1 2 1       1 2 1
  2       2 1 1
2     2 2         1 1 3
3 2 1         2 2
                2
  2         3 3 3 2 2 3
```

Medium (501)

```
          1 2 3 2 3
2 1 2 2 3     2 1
3 2 2 2         1 1 2
                3 2
  2 3 2         2 0 2 2
      1 1 2 2       3 2
  1 0       2 3
                0 2         2
1             3
3 3 2       1 1 0 2 2 2
```

Medium (502)

```
  2 0 2
2         2 3 2             3
3 2 3     2 1 2 2 1 3
    2       1             1
2     2     3 3 3       3
    3       2         1     2
3             2 1 2
  0 1 0 2     2 2
  2     2       1 2
  2 2     1     2
```

Medium (503)

```
  2 2 3     2 1 2
    1 1       3             2
2 2 1         1 2 2
    2       2     1       1 2
  1 1 2 2         3 3 3
    2 3             0 2
0 3         1 0       1 3 2
  3       3 2 2     2       2
          3 2 2 2 2
  2               3       2
```

Medium (504)

```
        2         3 2 2
  2 2         3 1     2 3
3 1 1 2 1 3     3
      2       1     0 3
2 1     3       3 3         2
2 1     1 1           0     1
    3       2 3 2 3         0
3 1 2     1             1
3               1         1
  2     3           3 3
```

Solution on Pages (194-195)

(86)

Medium (505)

Medium (506)

Medium (507)

Medium (508)

Medium (509)

Medium (510)

Solution on Page (195)

Medium (511)

```
    2     2 3       2
2 2 3 1           1 3
  1 2         3     2 3
2 2       2     3 2     3
2 2 2 3         1 2     3
2             2 1 3 0 2
2     1 0 1       3 1
2 1         1     1 2
  3 2 3 1     3       1
  2 2     2
```

Medium (512)

```
    2     3 2 2 1 2
2 3 2 3 2       1 2
2 2     2       2       1
  3     3       1 1     3
  0     2 2     1 1 3 2
0       3 1     0     2 3
2     2 2         3 2 2
3 1           1     2 2
  3     1 1 3 2 3 2
  2 2 3               3
```

Medium (513)

```
  3     2 2 3 1 3
  2         2       3   3
2     2             2
2     3       3 3
3     2           1 2
3 1 2 2         3
3 2     2         1 2
3 0     2 1     2 3 1
3 1 2 3 2 2 0 3 2 3
        1               1
```

Medium (514)

```
  2       3
3 2 3 1 1         2 2
3 0       2         2 3
3         1       1 3 2
3       3 3 2       1 3
3 1 1 1     2 2 3     2
2         2 2     3     2
2 1 1 2 2     1 3 1 3
        2               3
3             2     3 2
```

Medium (515)

```
2 3 1         3 2
    2 3 1 3 1 2 1 2
  2     3         3 3 2
  1 2 3       2 2     0
3 2 2               2
3 1     1 2     2     2 3
    2 3             2 2
    1 2               3
2     2 2     2     2 3
3 2 2 2 3 2 2 2 2
```

Medium (516)

```
  3 3           3 3
    1       3 1     0 3
3 1 1     2 2 2 0
  1 1 3 2 2     3
  2     2     3
  3         2           2
    0 2     1         2
2     2 2 2       2 2 2
2     1 2     2     2 2
  3     3 2 2 2 3 2
```

Solution on Page (195)

Medium (517)

	3	1		1	3		3
	3	1			2	1	2
	2	3		2		2	2
2			2	0	2	0	2
2			2			2	
2	1	2		1			2
	2	2			2		3
		0	2	0	2	2	2	1
			3	3	2	3		2
3			3	1	2		

Medium (518)

			3	3	3	1	2		
2	1	1			1			1	3
			3	2	1	2	3	1	
2	1			2		2		2	
	2	3	3		2				
	1		0		2	3	2	3	
2	2	3	3	3				1	
			2	2			2		
			1	0					
3		2	3	2	1	2	2	2	3

Medium (519)

				1	2	2		
1		2						2
	2	1	0		1			2
		3	2		2	3	2	
3					0	3	2	2
3	1	3	3					2
3		1	2	1	2		2	3
3	2		3			1	1	
2				2			2	
		1					2	

Medium (520)

3	3	3	3	2	2			
	2	0	2				1	3
2	1	1	2	2			1	
	1	1						0
	2	2			2	3	1	1
2	2	1		1		0		
	3			2		2	3	2	2
3	1	1	1	2			2	
3			3			0	2	
	1	1		2	1		1	3

Medium (521)

	3	2	3	2	3			
2			2			2		3
2	3	2		2	2	2	2	2
		2	2	2			1	1
	0	0	1			2	1	1	3
	2		2				2		2
	2		1		0	3			3
2	2		3		2			
2		0				2	2	3
2		2						3

Medium (522)

	3	2	3				2		3
	3			2	1	3		
	3	1		2			1	
1	3			3		2	1	2	3
2					2			
3	3	3	2	2		2		2
		0	0			3		2
	1	3	2			1		3
	3				1		1	2
	2	3		2	2	3	2	

Solution on Pages (195-196)

Medium (523)

	3	2	3			2	3	3	
3		1	2		2	1	0		1
	2		3	2			2	3	2
	1		1	3		2		2	
									1
1				2	2	2			3
3			2			3		2	
3			2		3	2		1	3
2			1		2		3		3
2	2	3	3	2	1			1	2

Medium (524)

	3	3			1	2	3	2	3	1
2	2						1			2
2		3	1	2	2					
3	3	2	2			1		1		
	1	2								3
2		2		2	2	0	2	0	3	
	2	0			3	3				2
2						1	2			
	2	0	3	2						
	3				1			2	3	

Medium (525)

	1			2	1	2	3	2	
		3	1		2		1		
		2		3	3	2		2	
	2	2		1	0	2			
					1		2	2	1
	2				0		2		
2	1		1		3		1	2	
3			3	2		1			
2			2	2	2		1	2	
	3	2	3		2				

Medium (526)

			2		3	1			
2		2		2		3			2
3	2	0		2		1	2		
2		1		3	2		3		2
			2				0	3	
		3							1
3		2	2		2	0			
2		2		3	3	2	0	2	
3	2	1	1	2	1				
1		2		2					

Medium (527)

	1			2	2	2	3		
1	3		2			2			
	3	3	2		3	1			
	2	1			3	2			
2		1							
1	1	2	2	1		3	2		
3	2	1	3	1	2	1			
	1	3		2		2	3		
	2		2	1	0	3			
3		3	2	3	1	2	3	3	

Medium (528)

	2	3	1						
2		2			2		1		
3	1		3	2	3				
1		3	1						
1		1				3			
2	2	2	1	2	0	3			
2	0	3	2	2			3		
0		2	2	2					
3		3	1	2	2				
	3	2	3	2	2	3			

Solution on Page (196)

Medium (529)

```
2 2 · · 2 3 · · · 3
2 · 2 · · 3 2 · · ·
1 2 0 2 2 0 1 3 · 1
· 2 · · 2 2 1 · 3 1
3 3 2 1 · · · 1 2 ·
0 · · 2 2 · · 3 · ·
2 · · · · · 2 2 3 ·
2 · · · 2 2 3 · · 2
1 2 · · 2 · · · 1 2
2 · · · 2 3 3 · · ·
```

Medium (530)

```
· · · · · 2 · 1 1 ·
· · · · 2 · · 1 1 ·
1 2 2 · 2 · · 3 · ·
· 3 1 1 2 · 2 2 · 2
1 · 3 2 2 · 2 3 · 2
2 · 2 · · · · 2 3 3
· · 2 2 2 · 3 · 2 ·
· 1 1 2 · · 2 2 · 2
2 2 2 · · · 2 2 2 2
· 2 2 3 3 2 0 · · ·
```

Medium (531)

```
· · 1 1 3 2 3 2 · ·
1 2 · 2 3 · 2 2 · ·
· · 3 · · 1 · 2 · ·
· · 3 2 3 2 3 1 · 2
2 0 2 2 · · · 1 · 3
· 3 2 3 1 3 · · 1 ·
· · · · · · · · · 3
2 0 · · 1 1 · 2 · 1
3 2 2 · · · · 2 2 2
· · · 3 · · · 2 · ·
```

Medium (532)

```
· 3 2 2 · · · · 3 ·
· 2 · · · · 2 2 1 ·
3 · · · 2 2 1 2 3 ·
2 · 1 2 · · · 2 1 ·
2 · · 3 2 · · 1 1 2
· 1 1 2 · · · · 2 1
2 0 · 3 3 3 · · 2 ·
· · 0 · · · 3 1 1 3
0 2 1 2 · · 2 1 · ·
1 · · · 2 3 · · 2 ·
```

Medium (533)

```
· · 3 3 2 2 2 · · ·
3 1 · 0 2 1 · · · 3
· · · · · · · · 2 1
1 · 3 · 2 2 2 · 0 2
1 · 1 · · 2 2 3 · 3
· · 1 · · 1 · · · 2
· 1 0 2 2 1 2 · · 3
2 1 2 3 · · · · 1 ·
2 1 2 0 · · 0 2 · 2
· · 3 · · 3 3 3 · ·
```

Medium (534)

```
· · · 2 · · · · · 3
2 · 2 · 2 3 · 2 · ·
2 1 0 · 1 3 · 2 2 ·
· · 2 · · 0 3 2 1 ·
3 1 · · 3 3 · · · 1
· 3 · · · 2 · · · 2
2 · 2 1 3 2 · · 2 ·
1 3 2 2 · · 2 · · ·
0 · · · 2 · · 2 2 3
1 · · · · 1 2 · · ·
```

Solution on Page (196)

(91)

Medium (535)

1	2	3	4	5	6	7	8	9	10
	1		2						
3	2		1	1	3				2
3	0	1	3			2		2	3
3			3			3			3
3			2		1	3		1	2
2	2		2			3	2	1	1
3	2	2	0	2	1	1	2		1
2				3		2			2
2			1	2					
3		3			1	2		2	

Medium (536)

1	2	3	4	5	6	7	8	9	10
		3	2				3	2	
1	1		2	3					
	2	3			1		2	1	
		1	3	3			2	2	2
3	2	2			1		3		
						2	3	3	
1		1	0	2	1	1	1		
2		0	2			2		1	2
		1	3	1	1	1		1	
3		2	3		2	2	3	3	2

Medium (537)

1	2	3	4	5	6	7	8	9	10
2	3	3	3		1	0			
	1	2	0		3	2			3
		3	2						2
2	1	1				2	1	3	
2	1	2	2	1	3				
2	2	2					2	0	
	2				2		2		
2									2
2				3	0	1	1	3	
		3	2		2				

Medium (538)

1	2	3	4	5	6	7	8	9	10
			2	2				3	
2	1	1		2	1	3	1	2	
		2				2	3		1
	1	2	2	2	2	1	1		1
	3	2	0	2	1	3	2		2
2						3	0		
2		2	3	1		2	2	2	2
3	2	0				2	2	1	2
	3				1	2			
3		2	3					2	

Medium (539)

1	2	3	4	5	6	7	8	9	10
	2	2	3	3	2	3	2	2	3
2				0	2				3
3	2					2			2
2		1	2				2	2	3
2	2	1			2			1	
2							2	3	
	1	2					1	0	
					3	2	2	3	
2	2	3	1	3	1	2		2	
	1						3	2	

Medium (540)

1	2	3	4	5	6	7	8	9	10
				2	3	3	2	2	
2	3			3			1		2
2	2	1		2	2	2	1		
	3	2		1	2		2		2
2	0	1			0		0	2	3
		2			1			3	2
	2	1	1	3	2			2	3
	2	1	2		2			3	2
							1		
2				0			2	1	

Solution on Page (196)

Medium (541)

Medium (542)

Medium (543)

Medium (544)

Medium (545)

Medium (546)

Solution on Page (197)

Medium (547)

	2	2	2	2				2	
				3		2	2		
		3	2	3	1		2	0	1
3		3	0				3	3	
3	0		2	2	1	1			
3	2	3		2					2
2		1	2	1		2	2		
	1	1				2		2	
		2	2	2	2	2	1		2
		2	3	1	1	1	2	3	3

Medium (548)

	2			3	3		3		2
	1	2	0	1	0	1	1	1	
1			3				2		3
	2				2	1	1	1	
2	3	2			2	2	1	3	
1				2		2		2	
2				0		3	2	3	2
		3	2			3	1		
2						2	3	2	
2			3	2	3			2	2

Medium (549)

	3	2							
2			3	1		3	1		2
	3	1		2	2		2		3
3	2	1	1	1		2	1	1	1
	2	2			0	2	1	1	2
	2	2			0	2	2		1
3	2	3		1	1		1		2
3	1			2					
2	3		1			1			
					3	3	2	2	3

Medium (550)

3	3				3	3	3	3	2
2		1				0	2	1	3
2		1		2		2	3	2	2
2		1		2			2	2	3
3	2	3	2	2	1		2	2	2
			2	1	1	2	3	2	3
				1			2		3
	3	2	3			3			3
2			2	2	2				3
1			3	2	2	2	3	1	

Medium (551)

	3	3						2	
		1			3	2		3	
		1		2	2	2	2	3	
	2	2			2	2	1		1
3	1	2	1	2	3	2			
2			2			1	1	1	2
	3	0	1		2				
	3			2		1	1	2	2
		2			2				
	3	2		2	1	2			3

Medium (552)

	2	2	2			2		1	
	2	2	2				3	3	
3		3				1			
	2	1	2	3	1		1	1	
2	3		3		2		2	1	2
2	2	0	3	2	2		2		2
	3	2			2	2	3	3	
	2	2	3	1		1			2
		2			3	2			3
	3	2							

Solution on Page (197)

Medium (553)

```
. 1 . . 1 . 1 3 . .
. 2 2 . 1 2 . 3 . 2
3 2 3 2 2 . 2 . . .
2 . . . . . 3 2 . .
. 3 3 3 2 2 1 . 1 3
. 1 . . 2 . 2 3 . 2
. 2 2 . 2 2 1 . . 2
3 0 1 . 1 3 2 . 2 2
3 2 . . 2 . . . 2 2
. 1 . 2 . . . . 2 .
```

Medium (554)

```
. . 0 0 2 2 3 . . 3
3 2 1 2 . 2 . . . .
2 . . 3 . 2 . . . 1
2 . . 3 . 3 3 . . 2
. 2 2 1 2 1 . . 1 3
. 1 1 2 . 3 2 . . .
. 2 . 2 2 1 . . . 2
1 2 . 1 . . . . 0 3
2 2 . . . . 2 1 1 3
. 2 . 2 . . 2 2 1 .
```

Medium (555)

```
. . 1 2 . . . . . 3
. 2 1 . . 2 . 2 . .
. . 2 2 . 2 1 2 2 2
. . 2 0 2 2 3 . . 2
3 2 3 2 . . . . 2 1
2 2 2 2 1 . . . . 3
2 . . 2 2 1 2 3 3 2
3 2 3 1 . 2 2 0 2 2
2 . . . . . . 3 2 2
. . . . . . . 3 . .
```

Medium (556)

```
. 2 2 . . 2 3 . . 1
3 2 . . . . . 2 . .
3 0 . 1 2 . . . . .
2 2 . 1 1 2 1 3 2 3
2 . . . 3 . . 2 . 2
2 . . 3 . 2 . . 3 .
3 . . 1 1 3 . 2 2 2
2 2 3 . . 1 2 2 2 .
2 . . . . 3 . 2 . .
3 3 2 1 . 2 . 2 . 3
```

Medium (557)

```
3 . . . . 2 . 2 2 .
. . 2 . . . . 2 . 2
2 . 3 . . . 1 1 . .
. 2 1 2 2 2 1 2 . 2
. 1 1 2 2 3 . . . 2
1 . 1 . . 2 3 2 . 3
2 . 3 . . 2 . 2 1 1
3 . . . . 3 3 3 1 1
1 3 . . 3 0 . 2 . 1
. . . . . 2 . . 2 3
```

Medium (558)

```
. 2 2 . 2 2 2 3 . 3
3 2 . . 2 . 2 . 2 .
2 . 2 2 1 1 . . . .
. 3 0 . . . . . . .
. . 2 . . . 2 1 . 2
. 2 2 . . . 2 . 2 2
3 0 2 1 2 . . 2 2 3
3 2 . . . . . 0 2 .
. . 1 3 2 . . 2 . 2
. 3 2 . 2 2 2 2 2 3
```

Solution on Page (197)

Medium (559)

3	2	2	2	3	2	3	2	2	3
2	3	2		2			2		
		2			1	1	1	2	0
1	1			3	2	3		1	2
	1		3	1	1	3			
3	2				2				
3	2	1			2	0		2	3
			1			3	3		
	1		1		1		0		
3		3	3		3	3	3	3	

Medium (560)

	2		3			2	3	2	
	1	1	3	2		2			
1	2	0	1	2			1		2
	3	2	3		2	0			3
1	1	2		2	3				2
	1								1
1		3		2	0			3	3
2		2	1	1	1				2
3			2	2			1		2
			2	2			2		

Medium (561)

	2	3	3	2	0	0	2	2	
	2							1	
	1			2	1	2	0		
	3		2				2		0
	2	1	2	2		2			2
2		3		3			2		
2		1	1	1		2	1	3	
3								2	1
2				1	2			1	1
		1		2				2	

Medium (562)

	3	3		3	2	2	2		
		1	2		3				
2		1			3	0	2	1	
		1	3	0		2	3		2
	1					1		1	1
	2			0	2	2		3	
	1	2	3	1	0		2		2
3	2		2	2	1		3		
	1			1		2	1		
	3		3	3			3		3

Medium (563)

2		2		2				3	
2		2			2				
2	1		3		1	0			
2	2	2	2						
		3	2	2	1	1	0	2	2
3	1						2		2
2		2	3			1	0		
2	2	0	3		2	1	2		
2			3				2	2	
		2				2	3		

Medium (564)

2	2	1	1	1	3	2			
2		2			3	1			
		3			2				
		2		3	3	2	2		
			1	0				2	
3	1	2	3	2	2	3	3		
2		2	1	2	1	1			
	3	2		2	2				
2				1					
	2	1	2	2	3	3	2	2	

Solution on Pages (197-198)

(96)

Medium (565)

```
3 .  3 2 .  1 2 .
.  2 . .  2 1 3
2 1 2 2 .  1 . 2
.  2 2 3 .  1
2 2 2 .  1 3 3 2 1
1 1 2 3 2 2 .  0 2
1 . . .  3 . .  2
3 . . . .  1 .  3
.  3 1 .  2 .  1
.  3 2 . .  1 .  3
```

Medium (566)

```
2 3 1 .  3 3 3 .  3
.  2 2 .  0 .
.  1 .
.  0 2 0 1 .  2 1
2 .  1 . .  2 0 2
2 3 3 .  2 2 .
.  2 1 .  2 .  2
1 .  . .  1 .  2
2 .  0 .  2 .  2
2 2 3 2 2 2 3 2
```

Medium (567)

```
.  2 .
3 1 2 3 .  3 .  3 1 1
.  2 2 . .  1 1
.  3 . .  2 2 2 3
3 2 2 3 2 1 2 .  2
.  1 . .  2 2
2 .  1 2 2 .  1 1 1 1
1 2 .  2 .  1 0 1
.  1 2 .  2 0 2 0
3 2 3 3 3 3 .  3 3
```

Medium (568)

```
3 .  3 3 3 2 2 2 1 2
.  0 . .  2
.  2 . .  2 2 2 2
3 1 1 .  3 3 1 2 .  3
3 .  0 2 0 2 .  2 2 1
2 1 . .  2 1
2 .  2 2 1 .  2 2
2 .  .  1 1 1 2
2 .  2 2 3 1 1
.  2 .  3 .  2 1 2
```

Medium (569)

```
.  0 . .  3 3
1 2 .  2 .  2 . .  2
2 0 .  2 2 2 .  2 .  2
.  2 .  0 2 2
3 0 0 . .  1 2 3 3
3 . .  1 3 .  1 2
.  2 .  0 .  2 2 .  3
.  3 1 .  1 . .  1
.  2 .  2 .  1 1 .  2
3 .  3 .  3 . .  2
```

Medium (570)

```
.  2 3 3 3 3 1 .  0
2 2 1 2 . .  3 3 2
3 3 . .  2 .
.  2 1 1 0 1 . .  3
.  .  1 .  1 1 0 2
.  1 0 . .  1
1 .  2 .  1 .  1 2 2
.  1 2 2 .  3 .  2 .  2
.  3 2 .  2 . .  2 2
.  .  2 . .  3
```


Solution on Page (198)

Medium (571)

		3	2	2	3	2			
2		3				2	2	1	2
					2	1	3		2
				2		1		1	2
2	2		2		3	3	3	2	
	1		1		1			3	
	3	2		2	1			2	
	2				2	1		3	
2	0	2	2	3		2	2	2	
	3	2			1			2	

Medium (572)

	3	3	3	2	3	3	2		
3	0	2	2	2	2		1		2
		2		1	1				
3	1			2			1	1	1
2	2	2	2		1				
2	2	2	1		1		1	1	2
2	1	2	2	2			2	2	
		1	2	2	1			2	3
			3	2	2	1			2
3			2	3	1		3	2	2

Medium (573)

1	2	3			1		3	3	
3		0		1		3	0	2	1
1		2					2		
2				1			1		
					1				
	2	3	0				3		2
		2	2				1	2	
3	3	3	1	2	3	2	2		2
			2				1		2
	2			2	2	2	3		

Medium (574)

	1					2	3	3	2
		3	0	2	2				2
3	1	2	2	3				2	3
2		2		2				2	
		0		0		1		2	
2		2		2		1			
	2	2	2				3	3	3
		1	2	0	2				2
1				2	2				
3		2			3	1	1	2	

Medium (575)

	3	3	3			2			
1		0		2	3	2		1	2
2	1	1		1					3
2		1							2
2	2	1		2		3	0	3	
2									
3	1	3		3					
2	1		2						3
	2					2	0		1
							3	3	

Medium (576)

3					1				
2		2				2	3		2
2	3			1		2	1	2	2
2	2						1		
	3		1	3	2	3	3	2	
	1	2		2	2	0		1	2
1		1			3				
0		2	1		1	2			
2			0	1	1	3	2		3
	3							1	3

Solution on Page (198)

Medium (577)

	1	3					2	2	
3	2	3	0	2		2	2	2	
3	1				2				
	2			2		1	1		
	3	1	2	1		2	2	1	2
2	2			2	2		2		
2	2	3	1		2		1		2
2	2		1	3			1	2	1
2		2			2	1			1
2	3	2	3						

Medium (578)

		1	2	3				2	
0	3	2		2	2				
	3	1	2	2	2		2	3	3
	3		2	2	2	2			1
	2	1		2		0	2		3
		2	1	1					
	2	2	1	2	2	2	3		
2		2				1	1	2	
1	1		1	3		2	2	2	
	3	3	3			1			

Medium (579)

0	2	3	3		2	3	3		
				0				3	
				2	3	1	2	2	
		2	2				2	3	
3					1		2		
	2	1	2				0		
3			3		1		3		
3	3	1	3	1	1		0		
2				2	2	0			
	3	2			1	2	2		

Medium (580)

	2		2	2			1		
3	2	3	2	2	1	1	3	2	
3	1		1	1	2		2		
	2	3		2		3	1	1	
	2	2		1	1	2			
	3	2		2		3			
	0	2	1	1		2			
2		3	2	1	3		3		
3		2		2	1	2			
	3	1	3	2					

Medium (581)

3		2		2	2	3	2		
	2	2							
1	2	3	1		1	2			
	2	2		1	2				
	2		2	3	1	2	1		
2		2	2	1	2	3	1	2	
1	0	3	2				3		
1		2	1		2	2	3		
	3	1	0			2			
	2	3							

Medium (582)

3		3	3	3					
		2	1	3	2				
	2	3	2		2	2			
	2	3	2	2					
2	2			0	0	1			
3	2	2		2					
1	2	3	0	3	2	2			
2		3	1	3					
2	3	2	2			1			
2	1	2	2	2	2	3			

Solution on Pages (198-199)

Solution on Page (199)

Medium (589)

				3	1	2		2	3
2			2				2		
1		2	1	1				1	2
1			3		3	2	2	1	
1	2		3	0	2	1	1		
3			2	2	3		1	2	
2			3	2		2	3	1	
0				2	2	1			3
2		1	1			2	2		
	2					1	2	2	2

Medium (590)

2				2			2	3	
2			2	2	1	2			
2	2		0	2	2	2		1	
2		1	0				1	1	
2		0		1	3				
	3				2	3	2	3	
2		2	1	3	1	1		1	
3	2	1	2		2	2	2	1	3
	2			3				2	
3			2	2			2	3	

Medium (591)

							3	2	
	3	2	1	1	0	2	1		2
	2	1		2					
3	2		2			1	3		3
3	0	2	3	2				1	3
3				0			1		
	3			0	3	2	3		
	2	3	0		2	1		2	
2				3	2			3	
	3	2			2				

Medium (592)

3	2	2	2	3	3	3	3	3	
2	3	2		1				1	
	2		1	1	3	1	1	2	
	1			2		3			
	3		2				1		
2	2			1		1	2	2	3
	3		1	1			0	3	
3	1	1	1	1		1	2		
		3						2	2
2	2		2						

Medium (593)

	3	3	2	3	2	2	1	2	3
3	0		3			1	3	2	
	2		2		0			3	
3	2		3	2	1	1	3		
2	2		1		1	1	3		
3	2							1	
	3		3	2	2			2	
		2	1		2		3		
	3	2	2	1			2		
1			3		3	1			

Medium (594)

	2	2							
3		3	1	2		3			3
3	1	3	2		1	2		1	3
	1	3	0		2				3
		2		2	1	2	1	3	
1		2			2				
	1	1	2		1				
	3	2	2		2	0	2		
1		2		2				3	
0	2			2		2	3	1	

Solution on Page (199)

```
2 3 2 2 2     1 2 1
3 1 2     2       3 2
3               2 0 1 2
3 1 2 2           1
3     3 2         2 1       1
3 0         2 2 1
  1 1       3       3 3
1 2       1       1
2     2 1 1 3 2       2
          2 2 2 3 2 2
```



```
                3 2
2     2     2 2 2     2 3
2 2 1       2 2 2       2
3 2 2     2       1 2
2     2     0 2 1 2 2
2 2 1 3 3         2
2                 3 2 2
3 2 3             2       2
2         1 3 2 3 2       2
            2
```



```
2 1 2     1 2     1
  1 1 2 2 2     1       2
  2     1 1 2     1 2 2
  1 1 1 2 1       3
      3       1 2 1
    2         1         3
      3 2 2           0 2
2 0       2 2 1 0       2
2                 2 1       2
1 2 3 2         2
```



```
3 2 2 3         1
    2 3 2         2       3
  0 2           3 2
  2 3 2 3 1       1 1
  2 2 1 2       2 3 1 3
2         2           3
3 2 1 1       2 2 2 1
2         2 3 1       1
2 1       2 3 3 2 1
        0 2       1 2
```



```
  2       3 3 3
  1       0     1 2 1 3
2 2 1 2       1
2             3 1     2
3 0     2 3 1 1       2 1
  1 1 2       0 2       3
2 1     2 2       2 2
    3 1 2           3 2
  1 3     3     1
3     2 0 2 3 2 1 1
```



```
2 2 1         0 1 0 1
      3 2 2       1 1
                2       1
2           2           3
0           0     1 1       2
2     2     2 3 2
      2       2 3       2
  3 2           2 1
1         1     1 2 1 3
            3 3
```

Solution on Page (199)

Medium (601)

3		1			3	3	3	3	
2		1			2				2
2	2				3	2			2
3			1	3	2	0			2
3		3			0	1			3
1	1	1	2	1	1			2	2
		1			2			2	3
3	3	3			2	2	2	1	3
2					2	2		1	3
1	2	3			1	3	1	2	

Medium (602)

			2	3	2		2	3	
1	2			2	1				
			3	1	2	1	2	0	
1			2		2			1	1
2		2	1	3	1		2		
3	1	1	2		2	2	3	2	3
2	3	2	2	2			3	1	3
	2		3	3			2		2
	1			0				2	2
	2	3				1	1	2	

Medium (603)

	3	3			3		3	3	3
		1			1				1
		3			2				1
1	0	3	2	1	2	3		2	
	1	2					1	0	1
	1	2		1	2	1		1	1
	2								
			0	3			0	2	1
2			2	2	3	1			2
	3	3			2			2	

Medium (604)

	2							2	1
1	1			3	3	2	3		
2			3	0	2	2		1	2
2		2		2			1		2
3	2	2		1		0			2
	2					1		1	
	1					2	2	0	2
	3		1					2	
	1			2					
	3					3	1		

Medium (605)

		2	3	3	3	2	3	2	
1	2			0				1	
	1	3	3	1				3	
	2			2	2	2	2	1	2
2	2	1	1	1	1		2		2
2		1	1						2
	2	1			2	2	2	2	2
		2			3	1	1		2
2		2		1					1
		3	2			1		3	3

Medium (606)

			1				2	2	2
2		2	3	2		2	2	1	2
2			2		2		3		
1	1	3	1	2		2	0		
	1				2		2	3	
		1			3	2	1	0	2
2	2	1	3	2					
		2	1				1		2
2			3	3		3			3
		1	2	1	2	1			

Solution on Page (200)

Medium (607)

					2	3			
3	1	0				2		3	
		2	0	2		2	2	2	
	2				1				3
2	2			2					2
3			3	3		2	2	3	
	1	2	0		1	1			2
		3	1	1					2
		1		1	3	2		2	2
3		3	3					2	

Medium (608)

	3	2	1	1	1	1	2	3	
2	2	0	0	1					2
2	3		1	2			2		
	2	1							
2		3	2	3		2	1	2	
		1	1	2	1				3
2		2		3	1	2			3
2	2	1	2	3	1			2	2
		2		3		1	1	1	3
3					1	1			

Medium (609)

	1					2		3	
			2	0	2	3			1
3		2	3	3		2	1		
3	2	3	1		2	3	2		
	1				3		2		2
1	1		2		3		2	2	3
1		3	3			1			
2	2	0	2	1	3	3	3	3	2
2		2	3			1	1	1	
		3	2	3				3	

Medium (610)

1	2	3	3			3	2		3
2		0	2		2	0			
2		1	3		2				
1			3		1		2		2
2		1					0	2	3
3							3		
		3		3	0			2	
	2	2				3			2
2	2	2	3		2	0			3
		1	1	3	3			2	

Medium (611)

			2	3	2	2	2		
2				3		2	2		2
2	2	0	2			1	1	1	
2		2			2		2	1	2
3	1	1	2			1	1	2	
2								3	
1	2				1				
		1			2	3	2		2
	1		2	2	0		1	2	
	2	3	2	3	3	3	3	3	

Medium (612)

			2			3	2	0	2
3			1			3			
2				1		1	2		3
	3		2	2	3	2			
2	1				2	2		2	3
			1		1	2		1	3
	3	2			1	2		2	
3	1								3
3		3	1	3	1		0		1
3	1						3	3	3

Solution on Page (200)

Medium (613)

```
. 3 . 2 . 3 . 2 . .
2 1 . . . 2 . . . 1
3 2 3 . 2 3 1 . 1 2
3 0 . . . 3 . . . 3
3 2 . . 3 2 2 2 . 2
3 1 2 . 2 . . 2 3 .
3 2 2 3 3 2 . . . 1
3 . . . 1 2 1 . 2 .
3 2 . 3 2 2 2 . 2 2
. 1 2 1 . 2 2 2 2 3
```

Medium (614)

```
. 3 1 3 . . 2 2 . .
1 3 . 2 . . . 1 2 1
. 2 . . 3 2 . 2 . 2
3 3 . 2 0 1 1 . 2 2
1 1 1 . 1 1 . 3 2 2
1 . . . 1 . . . 2 2
2 . . 1 . . . . 3 .
2 2 . 2 . . 2 . 1 .
2 . 0 2 . 2 . . 2 .
3 . . . 2 3 3 3 2 .
```

Medium (615)

```
. 3 2 3 2 3 3 . 1 .
3 . . 3 . 1 0 3 . .
. 1 . 1 1 2 . 1 . .
1 . 2 3 2 2 2 . 1 .
. . . 1 2 . 2 . 3 .
. 2 . . . 2 2 1 2 .
. . 2 . 2 . . . . .
. . . 3 2 . 0 . 2 .
. 3 2 1 . 2 . . . 2
. 1 . 3 . 1 3 2 1 .
```

Medium (616)

```
. 2 3 2 1 2 3 . 3 .
. 1 2 . 1 1 . . . 1
. 3 . . 2 2 2 2 3 .
. 1 . 3 . . 2 1 . .
3 3 3 . 2 . 0 2 3 .
. . 1 2 3 . . . 2 .
. . 2 2 . 0 0 2 2 2
. 1 1 . 1 . . . . .
2 2 2 2 1 0 1 2 . 2
2 2 2 1 1 2 . 2 . .
```

Medium (617)

```
. 3 3 2 3 2 2 3 3 1
2 2 . 1 . 2 . . . .
. 3 . . 3 . . . . .
. 3 . . 1 . 0 2 1 .
. . 2 1 3 3 3 2 2 .
. 1 2 3 2 1 1 . . .
. . . 3 1 2 . 1 . .
1 . 1 1 2 . 2 2 3 2
. . . . 1 . . 3 . .
. 3 3 3 3 . . . 2 .
```

Medium (618)

```
. . . . 2 . . . . .
3 3 3 3 . 3 0 . 2 2
1 1 . 2 1 . 3 . 1 .
. 2 . 2 0 . . 1 . .
. 1 . . 1 1 . 0 . 3
1 1 . . 1 . . . . 2
. 2 2 2 1 2 . 1 2 .
. . 1 2 2 2 . . . .
3 3 2 2 2 . . 2 2 2
. . 2 2 2 2 . . . .
```

Solution on Page (200)

Medium (619)

0	2	2							
	2	2			3	2	2	2	2
3	1	2	0		2	2			
3		1			0	2		2	
	3	2	1	2					
	2	2	2		2			2	2
	1	2						1	3
	2	2	2	2	2			2	3
3	2	3	2	3					2
				2	2	3	1	2	

Medium (620)

3			2	1	3	2	1		
	2		3			3	2		2
2	3	2						2	2
3	2	1			2	1	2	2	
	1	2				3			
2	1	0	2	0	1	0	2	2	
2		2			2			3	
	2	2	2		1			1	3
	1	1	2	2	1			2	3
3	3		2						

Medium (621)

	2		2	2		2	2		
	2	3	2						2
2	2			2	2	2	0	2	
2	2	3		1					2
3	2		1	2	0	2	1	2	
2	2	3					1		
2	2	1		0		0	2	2	
	3		3	3			3	1	2
	2	2		2	2		1	2	2
3		2	2	3			2		

Medium (622)

	3		3		2				
		2		2	1		1	1	
2		1	3	2	3	2		0	2
1	1								3
2		1	0	1	1	0	1		
2			0		1	1	1		
0	1	3			3	2	2	1	3
1				2	1				3
2		1	3	2	3			1	2
3	3	3		3			2		

Medium (623)

3	2	2	2	2				3	
2		2			2		2	0	
2		2	2		2		0	1	3
2	1	2			2		0	1	
2		2	3		2	2		2	2
2	1	2				1	1	2	
2				2	2	2	3		1
	2			2			2	0	2
	3			1					
				3	3				3

Medium (624)

					1				
2	1				2		2	3	
3				2		2			2
2		2		3	2	2	2		
2		2	3	2		0	3	2	
1	2		2	1	3	2	3		
	3	2	2			1		2	
2			2				0	1	2
3			0		1		2		2
	1		2						

Solution on Pages (200-201)

Medium (625)

	3	2				3	3		
			3			1		1	3
			2	2		1	3	1	
			2	1			2		
1	2		0	1			1	0	2
	3	2		2	2		2		
1	2			2	1		1		
1		1	1	3	2	3	2	1	
2	0	1		3					
	3			3	2			1	3

Medium (626)

				2					
	3	1	2	2		0	3		2
2				2	3	2		1	2
	1	2			2		2	0	
3				2	1	1	3	2	3
		2			2		3	1	
	3	2	1		1		2		
		1	1		2	3	2	2	1
	2		2		1			3	2
	2	2	3		2	1			3

Medium (627)

			2	2	2	2	2	2	
		3	2		2		1	1	2
		2						1	
2		2	3	2	3	1			
3		2	2	3		1			
2		2	0	2					
2	2		3	3			1		3
2	3	2		1	1		0		1
2		3	2		2		1		1
				2			3	3	

Medium (628)

	2								
3	2	3		3	3	2			2
3			2	1	2	1	2		1
2						1		1	1
0			2	0		1	1		
		3				1	3		
		3	2		2	2			3
1				3					3
			1				3		
	2	2	3	3	2	3			3

Medium (629)

	2				1				3
3	1	2	1	3				1	
2	1				2	2	0	1	1
1	0						2		
	1					2		1	
2		2	3					1	
1	2	3			2	2	2		
		2	3		2		2	2	2
0	2	2	1		3			1	1
0					2	2	1	1	2

Medium (630)

	2			3			2		
2	1	3	2	1				2	2
2		1		2	2				2
	1	1		0	0	1	3		3
3		1		2	0			2	2
		2			2	3		2	
	2	3	2		1	2		3	
		2			2	2			2
		2			2	2	1	3	
					2			1	

Solution on Page (201)

Medium (631)

Medium (632)

Medium (633)

Medium (634)

Medium (635)

Medium (636)

Solution on Page (201)

Medium (637)

3		2	2	2	3	3	3	2	0
				2			1	2	
			3	2		2	2	1	2
1	2			2			2		
				3	2	1	0		
2	2	2		2	3		2	3	
					2			1	2
2	2	3			1	2	1		2
	1	2	1		1	3			2
	2	3	3	3	3			2	

Medium (638)

	2	3			3		3	2	
		2						3	
	2	1					2	2	1
	3		2	1			3		
	1			1	2	0	3		
	2	2	2	1	3	2	3		
2		2				2	2		
	2		2		1	2	3		
1	3		3	2	1	0		2	
	3	1				2		2	2

Medium (639)

	3	3	2	3		2	2		
			1	2					1
2		2	1	2			0	2	
	2	1	3	2			1	1	
3	3				2		2	3	
1	1		2	3	0		1	2	2
1	2			3	2	2			
1		3				3		1	
2					2	2		1	
	2	1			2	2	3	2	

Medium (640)

	2			2		2			3
		1					1		2
3	0	0	1		1	1		3	2
2		0		1	1	0		1	3
2		2		2	3			2	3
3	2		2						2
2		2		1	3	2	3	1	2
2	2		1				2	2	
2				1	2	1	2	1	3
2	3	1	2	3			3	3	

Medium (641)

					2		3		3
	3		0	2		2	1		
3	0		1	2	2				
3	1	2			1		0	2	
3			2	2	2				2
	1	2	2	1				2	
	1	3		2	3			3	2
	2	2			2	1	2	2	3
1		1	2		2	2	2		2
			2	2	2	2	2	2	3

Medium (642)

	1	2	3	3	2			2	
	1	1				2	3		
	2	2			2				
	1	3			3		2		
	1	2	3		2				
	1		1		2		2	1	
3	2	3		0	1	3	3		1
		2	2	1			0	3	1
3				1	1				1
3	1			1			3	1	

Solution on Pages (201-202)

Medium (643)

Medium (644)

Medium (645)

Medium (646)

Medium (647)

Medium (648)

Solution on Page (202)

```
   1       2 2 2
2 2 3 1     3 2 3 2
  1 2     2 3 1       2
              2 2 3
2         1 3 2
      1 1     2     2 1
3 3     0 2     2 3 2
  0 2 2 3 2 2
3     2 2     2 1 1 3
                  2
```



```
    1     2     2     1 3
2         3     1 2       3
  2       2 3     3
3 1     2             1 2
3     2 0
2     2 1     2     3 1
2         3             2
3     0 2 0         2 3
2     1     2         3
  3 3 2 2 2 3 1 2
```



```
  1 2 2 2     1
2         2         3 2
2     0 2         1     0
3       3 2 2
2 2 3 1
        2 3 3 3 2 2 2
1 2 3 1 2 0 2 2
2     2 2 3     3 2 2
        2 2 1     2
  2 1     2 3 2 1     3
```



```
  3 3 3 3           1
  2 0 2     2 1 3
2 2 2 3 3 2
  2 2         1 1 2 2 1
  3         0 1     3
2                   1 2
1             1 2
2 3 2               1
2     1     0 1 1 2     1
3         3               3
```



```
        1 3 2 3 2 1
2 2             1           3
2             1 1 1 3 0 3
3     1         1 1         3
1     1     3 1     2     2
3 2     2 2         3
  1 1     1 3     2
      2 3 2 3     2 3 3
2     2 1 1       1     2
              2 2 2
```



```
  2 2 2 3     3 2 2 3
2     2     2 1 2 1
3     0 3     3
2     2 3     2 2
2         2 2 1     2
3           1     1 1 2
2 2 1     2     1 1 2 3
2 2 1 3 1     1     2
2 3 3       3 2     1 2
3       1 3 1     2
```

Medium (655)

Medium (656)

Medium (657)

Medium (658)

Medium (659)

Medium (660)

Solution on Page (202)

Medium (661)

```
 .  2  3  .  3  2  3  2  .  3
 .  .  2  2  2  1  2  .  1  .
 .  .  2  3  2  2  0  3  2  .
 2  2  1  .  .  1  2  .  2  1
 1  .  .  .  .  .  2  .  2  2
 2  .  2  1  2  0  .  0  .  2
 2  2  .  2  3  3  .  1  1  2
 .  .  2  .  .  1  2  .  .  2
 .  .  .  .  .  .  .  .  .  2
 .  1  .  .  1  0  .  2  2  3
```

Medium (662)

```
 3  1  .  .  .  2  .  2  .  .
 2  .  2  2  2  1  .  1  3  .
 .  .  .  .  .  .  2  .  .  1
 3  .  .  3  2  .  .  2  .  2
 .  2  3  2  .  1  1  .  2  2
 .  .  .  3  3  .  .  .  .  2
 .  .  .  3  0  .  2  1  2  2
 .  2  .  2  1  1  .  2  3  .
 .  1  .  .  .  .  .  3  1  2
 .  2  3  2  2  .  .  1  3  .
```

Medium (663)

```
 .  .  .  .  1  .  .  2  .  3
 3  .  .  2  .  2  1  1  .  .
 3  1  2  1  1  .  2  1  2  3
 2  .  .  .  2  3  0  0  1  .
 .  2  2  .  .  .  2  1  2  .
 .  3  .  2  2  2  .  2  2  .
 .  2  .  .  .  3  .  3  2  2
 2  .  2  2  3  1  1  1  .  3
 3  .  1  .  .  .  .  2  .  2
 .  .  3  2  .  .  2  .  .  .
```

Medium (664)

```
 .  3  3  2  2  2  3  .  2  .
 2  .  0  2  .  .  .  2  1  .
 1  .  .  3  .  2  .  1  2  .
 2  .  .  1  .  2  2  2  .  1
 .  .  .  2  .  .  .  1  2  2
 .  1  3  .  .  1  2  1  .  2
 .  1  .  .  .  2  .  2  .  2
 .  .  2  3  1  .  .  2  .  .
 3  1  .  2  .  .  .  2  .  .
 .  .  3  3  .  3  .  3  2  .
```

Medium (665)

```
 .  .  .  3  2  .  .  3  .  .
 .  .  1  .  .  3  1  .  2  .
 .  .  3  3  .  .  2  3  3  .
 .  1  .  0  .  .  2  .  .  2
 .  3  .  .  2  1  .  .  1  1
 .  .  .  2  3  2  2  .  2  2
 2  .  .  3  .  .  1  2  1  .
 .  .  .  1  3  .  .  2  .  2
 3  2  .  2  3  .  2  1  2  2
 .  2  2  2  3  1  2  .  .  .
```

Medium (666)

```
 .  .  .  .  2  .  .  .  0  2
 1  2  .  .  .  2  .  .  3  .
 .  2  .  .  3  2  2  1  1  2
 .  .  3  2  .  2  2  2  .  2
 3  .  2  .  .  2  2  .  2  2
 3  1  .  .  3  .  .  .  2  .
 .  .  0  .  .  2  2  .  .  .
 .  2  .  .  1  3  2  1  3  .
 .  2  .  .  .  2  2  .  .  .
 .  1  .  .  .  3  1  2  2  3
```

Solution on Page (203)

Medium (667)

	2	1	2	3	3			3	
	2	2	2	0		1		0	2
	2	2	3	2	3	1			2
3	2	3			1	2	1		3
	1	3				2		1	3
3	1	2				1	3		
3						2		1	
	2	2			2	1	3		
		2				1		1	2
	2	2				3	3		

Hard (668)

3						3			3
3	2			2	2		2	3	0
	1	2					2			3
3	2	3			2	1			
3	1			2			2	1	3	3
	1	1	2	0	1				
3			2	3			2	2	0
				1	2	1			3	2
	2			3			2	2	
3	3					3	2		2

Hard (669)

2	2	2	3	3		2	1	3	
	3					3			3
	1	1	1	2		2			
2		2						0	3
	0		3			1			
2	1	1	3		2		1		3
2		0							2
2			3	1	1	0	3		
	3	2							
3	2			3					

Hard (670)

	3		3	2			2	2	
	3			2		3	2		
		2	0	3		3		3	
	1	2	2						2
3	2	1		2	3		2	3	
				3		3			3
				1				3	
3					3		2	1	
		2							3
3		2	3		2	3			

Hard (671)

	3		2	3	1		3		
	1		1	2		3			2
	2	2	1			1	2	2	
	2	2			0	1		2	2
						1		2	
2	1			0	2			0	3
		3	1		1			3	
1	1	2			3				1
						2			
3	1					2	1		3

Hard (672)

							1		1
3		3	0	2			3		3
	2				2			1	
	3	2			3	2		2	
3				2	2	1	1	2	
		3		3	3		1		
	2		1				2		
1	1	1	3						2
1		3		3		2	3		
	2	0				2	2		

Solution on Page (203)

Hard (673)

		2					2	3	
2		1	3		2		2	2	3
		1			1			2	3
	1		3		1				2
		1	2		1				2
2			1			3	2	2	2
	2	3			1			1	1
		2	1			2			
		0	0			2	0	2	0	2
3		1			3			3	

Hard (674)

1		3				3			3
		1		2		1	2		
	3								
	2	0	1	1	2		2	1	2
		1		1		3		3	
3	1	2	2	2				0		2
		2		2	1		2		2
			1			2	2		2
2		2	1	3	2	0	3		2
	2	2						1	

Hard (675)

	1	2					2	2		1
1		2	2	1			3			
		3	2	2	1	2			3
2	1	3	0		2	1		2	
	1				2	1		2	3
		1					3		2
1			1	2	1			2	2
2	2				2		1	2	2
3			2						2
1	1			2	3			2	2

Hard (676)

	3					2	1	2	
	1				2			2	
	2		1				0	3	2
	1			1	3				
1	0	1	1		3			1	3
		2	3		1	2			3
			2	1	1	2	1		3
	1		2	1	2		2		
	2			2	2	1			
	1					1	2		3

Hard (677)

3			2				1		3
		3			0		3		
1		0		2	0				2
		1		2			3	3	1
2		2	2		2	2	2		
		2		2				3	
	1			0	1	0		2	2
			2		1		3		
3			1	1					2
3				2	3	1	2		

Hard (678)

	3		3	2				3	
1	1		3	0	2		1		2
2		1		2				3	
	1		2			3			1
	2	3		3		1		2	2
				1			3	1	
2			3				2	3	
			1	1		2	2		
		1	2					2	3
	2	3		2			2		3

Solution on Page (203)

Hard (679)

0	2			1				3	
					2				0
	2		2	0	2				3
	1	2		3		1			2
	3			1	1	0	2		2
			2				2	2	
			1				2	2	3
2		2		2		0		1	
						1			3
	2	3	2	2	1		3		

Hard (680)

3		3	3		1	2			
	1	1			0	1	1	1	2
	1		1	2	3				
1	2			1		2	1	2	
		2		2		1	1		2
3					3		1	1	3
	1	2		1		1			
3	2	2		3	1				3
	2			2					
3				2		3		2	

Hard (681)

2			2		3		2	2	
2			0				3	2	
3				3		3			2
	1	0					1		
			3	2	3	1	1	2	
2			0	2			1		1
1							1	1	
3		2	3		0	2	2	1	
		0	1		2	1		1	
	3	2		1				3	

Hard (682)

	3		2	1	3			3	
2					1		0		
1		3		1	1		3		
	3		1		1	2	2		1
			3		2		1	1	2
			3		2			1	2
3	2	3						2	2
3		3				0	1		2
			1	2		1	2	3	2
1			1		2	3			

Hard (683)

					2			2	0
2	2		2		1	2			
3				1	2		2		3
	1	3		3	2		2		3
2	2	3	1		0	1	2		
	1			3				3	3
	3			1	2	1		2	
2	1			1		3		2	2
	2	2		3			1		
3		2				3		2	

Hard (684)

				1		1	3	2	
		3	3		3				
		2			0	1			
2		1					2	1	
2	3		3	1	2	2		3	2
	2	2		2	2	1	1		
	3		1					3	2
1		1					2	2	
2	2	2				1	2	2	2
3			2			3	3		

Solution on Page (203-204)

Hard (685)

Hard (686)

Hard (687)

Hard (688)

Hard (689)

Hard (690)

Solution on Page (204)

(117)

Hard (691)

Hard (692)

Hard (693)

Hard (694)

Hard (695)

Hard (696)

Solution on Page (204)

Hard (697)

Hard (698)

Hard (699)

Hard (700)

Hard (701)

Hard (702)

Solution on Pages (204-205)

Hard (703)

Hard (704)

Hard (705)

Hard (706)

Hard (707)

Hard (708)

Solution on Page (205)

Hard (709)

Hard (710)

Hard (711)

Hard (712)

Hard (713)

Hard (714)

Solution on Page (205)

Hard (715)

Hard (716)

Hard (717)

Hard (718)

Hard (719)

Hard (720)

Solution on Page (205)

Hard (721)

```
2 2 1 . 1 . . 2 . .
. . 2 2 . . 2 . 3 2
. . . 2 1 3 . . . 2
3 2 1 2 3 . 2 1 . .
. 2 3 1 . . 3 2 . 3
. . . 1 1 . 0 . . 1
2 . . . . 2 3 3 . 1
3 2 2 2 . 1 . . . 2
. . . 2 . 1 . . . 1
. 2 . . . . 3 . 3 1
```

Hard (722)

```
3 . . 3 . . . 1 . 3
3 2 . 2 . 1 1 . . .
. . . . . . 1 1 1 .
3 3 . 2 . . . 2 1 2
2 0 3 . . . . 2 . .
. . . 2 3 . 1 3 2 .
. . . . 1 . 2 . 1 .
3 2 . 1 . 1 1 1 . 2
. 2 . 1 . 2 . 2 . .
. 1 1 . . . . 3 2 .
```

Hard (723)

```
. . . 3 1 2 2 . . .
3 . 2 . . . 3 2 . 2
. . . 1 0 0 . . 1 3
2 2 3 1 . 2 . 2 1 .
. . . 2 3 . . . 1 .
. 1 . . 3 . 3 3 2 .
3 . 3 2 3 . . . . .
3 2 . 2 . . 1 . 3 2
. 2 . . 1 . . 2 2 2
3 . . . 1 . . . . 1
```

Hard (724)

```
3 . 2 2 1 2 2 3 . .
. . 2 . . 1 . . . 3
3 . 3 . 2 1 . . 3 .
. 3 . . 3 . 2 2 . .
. . . . 0 3 . . . .
3 2 . 1 . 2 1 1 . 2
2 2 . 2 1 2 . 1 2 2
. 1 . . 2 2 1 2 . .
. . . 1 . . 1 . . 2
1 . . 2 . 3 2 . 3 .
```

Hard (725)

```
1 . . . 2 . 2 . . .
. . 1 2 . . . . 3 2
3 . 1 . 2 1 . 1 . 3
. . 2 1 . 0 2 1 2 .
. . . 1 . . . . 2 3
. . 2 3 . . 2 . . .
2 . . 1 . . . . . 2
3 . . 2 . . 1 2 1 3
. 1 . 1 . . . . . .
. 3 . 3 . . 2 0 2 .
```

Hard (726)

```
2 . 2 . 3 2 . 1 . .
2 . 1 . . . 1 . . 3
2 . 3 . 2 . 2 . 1 2
3 2 . 2 1 2 1 2 1 3
. 3 . . 2 . . . 2 .
1 3 0 2 . . . 1 . .
1 . . . . . . . 1 3
2 . . . 3 2 . 3 1 .
. 3 . . . 2 . . . .
3 . . . 3 . 1 . 1 1
```

Solution on Page (206)

Solution on Page (206)

Hard (733)

Hard (734)

Hard (735)

Hard (736)

Hard (737)

Hard (738)

Solution on Page (206)

Hard (739)

Hard (740)

Hard (741)

Hard (742)

Hard (743)

Hard (744)

Solution on Pages (206-207)

(126)

Solution on Page (207)

(127)

Hard (751)

Hard (752)

Hard (753)

Hard (754)

Hard (755)

Hard (756)

Solution on Page (207)

Hard (757)

Hard (758)

Hard (759)

Hard (760)

Hard (761)

Hard (762)

Solution on Pages (207-208)

Hard (763)

Hard (764)

Hard (765)

Hard (766)

Hard (767)

Hard (768)

Solution on Page (208)

Hard (769)

	3	3	3		1	1	2		3
2		0			3				3
	1		3			2			2
3	1		1						3
2		2		2	2	2	3		2
2	2			1	2			2	2
2		3			1	2	1		2
2		3	2			3		2	2
2	1	2		2			2	2	3
								1	1

Hard (770)

	2	3						1	
			3			2	3		
				0				1	3
3	2		1			3			
2	1	3		3	0		1		
		1							
			2				2	1	3
1		2	2		1			2	2
		1	3	1			2	0	2
		1		3			3		3

Hard (771)

	1	2	3		3	3		3	
	0	1				2	2		
2	2		1	2	2	1		3	
2		2				2		1	1
2	0	0		2		2		1	
		1		1				2	
		2	1		1				3
3	1		3	2		3	1		
				1				1	3
3	1	2			3	2			

Hard (772)

			2	1			2	2	
2			3	2	3	2		2	
2	2	1	1		2		3	2	
	2	1		2	1				3
0	2	2		1	0	3	1		2
2		1				2			0
		3					3		1
	2			1		1	2		2
	3			2	2	1		1	2
3			1				2	3	

Hard (773)

1			2		2	3		3	
			3						2
2	2	0	2			2			1
2		2		2		1	3		
3		0	2		3		2		3
	3				2				3
3	2			1					3
2	2		3			2	3		
							0		2
				0	0			3	3

Hard (774)

				1	2	1			
	3			2		1	1		3
	1		2		2	0	1	1	2
	2				3	1		1	1
		3	2			3			
2	1		2	2	2				
2		1	3	0	2		1	2	
1		2		3					
	2					1		1	1
		2			3			0	1

Solution on Page (208)

Hard (775)

Hard (776)

Hard (777)

Hard (778)

Hard (779)

Hard (780)

Solution on Page (208)

Hard (781)

Hard (782)

Hard (783)

Hard (784)

Hard (785)

Hard (786)

Solution on Page (209)

Solution on Page (209)

Hard (793)

Hard (794)

Hard (795)

Hard (796)

Hard (797)

Hard (798)

Solution on Page (209)

Hard (799)

```
  1     3             2
3     3     3       .   .
        1   2         3       3
3   1     2   1
2   2   2       3   2   1   2   2
0       3         2         3   2
1       1     1   1     1       3
2               3             2
    1   2   3             2
3               3   1   2
```

Hard (800)

```
3     3   2
        1   2   1   1   3           1
3   3             2         2
        2                 3
    1   1             3       3   2
2   3   3             2       1
        1       1   2             3
3             3       3   1   2
    3         0   2       1       2
3     2   3             3
```

Hard (801)

```
3       3     3         1
3       1   2       0   0   1   2
            0   2     1   1
2             3     0
1         2   2   3           2
3     0   2   2         2   3   3
2     2     3     1
2   2       2   3     3
      2         3   2   2     0
3             3             0
```

Hard (802)

```
        3       2             2
    2           2       1   2
        3     3   3     1
1       0       1     0     3
3         1     1     1   2   1
            3
3         1   2   2   1   3     3
3   2                       2
                  1           2
    3   3     3     3     1
```

Hard (803)

```
  2   1     2   3     3
2     2         2
      1     3   2   2   3
    1     1   1     2
1     2   2   3   2   2     3
      3     2   2   2   3
3     1       3         2
    3   2   1   1
                  0   3   1
    2   1   3   1     1
```

Hard (804)

```
  3   3     3     3     2   3
    2                     3
            2   1           2
3   2   0   2     1       3   2
            3   2   3         3
      1     3   1   3   2
3         2   2   2   3   1   2
3   0     3         2
3   2             0         3
                  1     2
```

Solution on Pages (209-210)

Hard (805)

Hard (806)

Hard (807)

Hard (808)

Hard (809)

Hard (810)

Solution on Page (210)

Hard (811)

Hard (812)

Hard (813)

Hard (814)

Hard (815)

Hard (816)

Solution on Page (210)

Hard (817)

```
  3 2     3 1   2
  3       2 2 2 2
    2   2 2   3 2 3
  2 2 2 2     2 1
3 1 2 3   2   2 1
3 1 1 2   2 3   2
3 1       2 2
    2     2 2   2
2     0 3     1
3     2 3   3 2
```

Hard (818)

```
    3     3     1
2 2 0       1 3
    2   1 3 1
  2 1   1       2 2
3     2 2 0 3
  2     1         2 1
3 2     1     3
2         3 2
  3       1 3 2 2
    2 2 3     3 2 2
```

Hard (819)

```
  1 2   2   3 1
2 2 2   1 2     1
3     3 2     3 3
  0     2     3
        2       1   2
2 0   2   2   1 2
2 3     3 1 2 2
1   2 2   1 3   1
2     1 2 1 2 2   3
2   3 2   2
```

Hard (820)

```
  3 2 1       1
      2 0         2
    3   0 2   2 2
  2     3     2 3 3
      1 1   3 1
3 2   2 2   2     3
  1   2   1   2 2
  3 3 1   1   2
  1 3 1     3   2
1 1   2   1 3
```

Hard (821)

```
  2 2     3   3
    2     2 2 2 1 2
  2   1 3 1   3 3
2 2 1     1   2
1               1
  2       2   1
1 1     2 2     3
2     3 3       1
3   3 0 2 1 3   2
  1 3           3
```

Hard (822)

```
3   2   3 2   3 2 2
  1 2
3       3       2
3 1 3   2     2 2
        3     1 3
      0 3   3 2   1
3   1 1 3 2 2   3 3
1 2 1   2   0 1
      1   3 2     3
      2 3       2
```

Solution on Pages (210-211)

Hard (823)

Hard (824)

Hard (825)

Hard (826)

Hard (827)

Hard (828)

Solution on Page (211)

Hard (829)

Hard (830)

Hard (831)

Hard (832)

Hard (833)

Hard (834)

Solution on Page (211)

Hard (835)

3		2	2	3		2			2
2					3		3	1	
						1			
3			1	1					
	2	2	1	1		2			
3		2			2		2		
	0	2	1		0	2	2	2	2
2	1			1	1	3	0		3
					1	2		3	2
3	2	2				2			

Hard (836)

3		3	3	2					3
		0	2		2	1	2		
3	2								
	2		2	2	2	1			3
3	2	1	3		3	2		1	2
3		2		1	1	3			
3		1		2		2			
		3				1	2	2	
			2			2			2
3		3		3					

Hard (837)

2	2	2	3	3		2	3	1	
		3			1	1			3
3		2	2	3				0	3
			2		2			1	
			2		1				3
		1	1		2	3	2		3
		2					0		
		1		2	2		2		
2	1			1		2	2		
				3			3	2	

Hard (838)

2	1	2	1	2	2		3	2	
				2	2				
		1			2	2			
3	2	1	3		2	2	2		1
			1	1		1	3	1	
3		3				2			3
	1		2		1			3	
2	2	1	2						2
					2	0	1	1	
	2		3	2	3		3		3

Hard (839)

	2	3			2				3
3			2	2	2	0	0		
2		3	2	0		2	1	2	2
			2			2		3	
			2		3	2		2	2
3	1		0			2			
	2			2	3		2	1	2	3
	2				2			1		2
			2			2	3			2
	2	2	2		2			2	1

Hard (840)

3			2	2	3		2		
		3			1				1
	2					3	2	1	1
		1		3					3
3		2			3		1		
		1	1		1		2	3	3
2		3			3				
0	1		2	2		0			
	2		0			3	3		3
3			2		1				

Solution on Page (211)

Hard (841)

1	2	3	4	5	6	7	8	9	10
		3		2		1	2	3	2
2	2		2	2	2			1	
		2		1	1			2	2
1		0	3		1	3		2	
		2	3	1					
	2	2	2		1	2		1	
	1	3				3			
			2					3	
	2	1		2		3			
	1	1	3		2			1	1

Hard (842)

1	2	3	4	5	6	7	8	9	10
	2			3			1		3
3	0	1		1	1	2	3		
2	1		2				2		3
2	2		1	1	2		2		2
2		1	3	1	1			1	
	3		2	1		2		2	
				2			1		2
					1		2	3	
2	1		2	3				2	2
3		2	2	2	3		3		

Hard (843)

1	2	3	4	5	6	7	8	9	10
3		1		1		3			3
	1				2				
3			1		0		3		2
3			0		2		0		3
2		1					2	0	
	3								
1				3	0	2			2
2	2	3	2	2		2			
2				2		2		2	
				2			3		3

Hard (844)

1	2	3	4	5	6	7	8	9	10
		1		2				3	
2		3		3	2	3	2		1
	2				3		1		
	2		3			1	0	0	
1							2	2	
	1			2	3	2			
2	1	2	2		2	2		2	3
2			2	1		2			3
2	2		1						3
			3	2	1	3			

Hard (845)

1	2	3	4	5	6	7	8	9	10
			2	2			3		
2			0			1		2	3
3		2			2				1
	2	3		2	0	2			3
	1				2	0	2		2
3		3		2		2	2		3
		3				3		3	
3					0	2		1	
3		2	2		2		3		
		2				2	3		3

Hard (846)

1	2	3	4	5	6	7	8	9	10
1	1	3	1	1			3	3	
				1	2		1		
	2	0	3	2	2	2		3	
				2		3			
3	3	2						2	3
1	2	1		3					
2				3			2	3	2
			2		3			0	1
2	2	2		1		1			
		1			3			3	

Solution on Page (212)

Hard (847)

Hard (848)

Hard (849)

Hard (850)

Hard (851)

Hard (852)

Solution on Page (212)

Hard (853)

Hard (854)

Hard (855)

Hard (856)

Hard (857)

Hard (858)

Solution on Page (212)

Solution on Pages (212-213)

Hard (859)

Hard (860)

Hard (861)

Hard (862)

Hard (863)

Hard (864)

Hard (865)

		3		3			1		1	
3			2	1	2					
3	0				2		1	2		
3		3		3	0	2			1	
				2		2	1	1		
	2	1		2	1	1				
		1			1	1	1	2	2	
3			2	3		2		2		
	3			2						
3	2	1		1	1				3	

Hard (866)

3	2							1		
			2		1		2			
3	2		3	2		3	0			
	2	0		3	1	3				
2	2							1		
	3		0	2	1	1				
1		3				3	3			
0		3		2	1	2				
	1	2		3	3					
3		2	2		2	2				

Hard (867)

	2	2	3	3			2	1	
	2	0	2					1	
					1	3			
1	1		2	1	3				
	2	3			2	1			
	2	3	3		2	0	2		
3	3		2	0	3	2			
	1	1	3						
1	0					2			
1			3	3	2				

Hard (868)

	3	2	3		3	2			
1			2	2	2		2		
		2		2		2			
1	1	1		1	2				
	3	3	2			2			
	1	2		0	2				
2			1			3			
3	2	1	2	1	0	2	2		
	3		1	2		0	3		
3		2	2	2	1	3			

Hard (869)

	2	3				2	3	
	2	3	3					
		1	3		3	3	2	
2		2	3					
2		2	2	1	1		3	
		1	2		1		3	
3		0	3		2		1	1
3				2	2			
	3		3	2	1			
	2		2	3	3	3	3	

Hard (870)

		2		3		2		
2	2	3	1			1	3	
	1			3	2			
2	2		2	2	2	1		
2	2	2	3		2			
2		2		1	3	0	2	
2	1	0	1	2	1			
2	1		1	1	2			
3		3	3	3		1		
3	2	2	2					

Solution on Page (213)

Hard (871)

Hard (872)

Hard (873)

Hard (874)

Hard (875)

Hard (876)

Solution on Page (213)

(148)

Hard (877)

Hard (878)

Hard (879)

Hard (880)

Hard (881)

Hard (882)

Solution on Pages (213-214)

Solution on Page (214)

Hard (889)

3	2		2	2		3	1		
				2		2			2
2		2	1	1		2	2		
2		3			2			1	1
2	2		1	2	2	1			3
1		2	3		2		0		2
0		1		3				3	
					1	2			3
			1					3	
	2	0	0	2			2		3

Hard (890)

3						3	3	2	
	3					2	1		2
2			1		2	2	2	1	
	3	2			1	2		2	2
2	0	1				0		0	3
		2			1	1		3	
	2	1			3	2		2	3
	2	1	2			2		3	2
								1	
2					0			1	

Hard (891)

			2	2	2				
1			2	2	2	3		2	1
	2	1	1	2		3		2	3
	1			2	2				
		2						0	3
		2				2	2	3	
		3				2	1	2	
	1			2	2	2	2	2	3
		2		2	1				2
	2	3	2	2	2				

Hard (892)

2				3		3	1		
1			1					1	2
			2				1	1	2
2	1	3			3		1	2	
	3				1			2	
		0				3	1	3	
	2		3				3	2	
3		2			1	1			2
		0			1	3	2		2
	3	3		1					

Hard (893)

			3	2		1			
	3	2				3			3
2	0					2	0	1	
	3	3					1	2	3
		1		1	3		1		1
	2		3			3			1
	2	2	1	2					1
		1	1	2					
	3	1	1	2			3		3
2		1						2	

Hard (894)

2	3		3		3		3	3	
2		2	2		0	2			
1				2	2	1			
	3			3			2		
1		2	1		0		1		2
2				2	1				1
3	2				2	1			
1	2	2			1	2			2
	2				2	2			2
3			1		1	2	2		3

Solution on Page (214)

Hard (895)

```
  2 2 1     2 1
  1     1 2     1       2
  1 2 0 1       2       1
        2 1 2
2     2       2
2 0 0       3 2       3 2
    0         2
    2 1 3     2           2
    3             1       2
  2 3     3 3 2           3
```

Hard (896)

```
    1 3 2       1 3 2
1       2 0 1       2
        0       2       1
  3     3         3
        2       2 1 3
2     2 3                 
        1 3         1 1
  2 3     3         2
  1     1
  1     1 1     3 2 2
```

Hard (897)

```
    3 1 2 3           2
1                 1     3
  2 2 2         2
2       1     1 2 0     2
2 2 2         2     3 3 2
2 0         2 1
  2                 2 3
2         3       2 1 2
3     2         1     1
  2 2 2 1     2 2     3
```

Hard (898)

```
  2 2 2 2     1     1
            1             3
  1     1 1     1 2     3
    1 1               3
1     2     3             3
3     2 2         2     3
  2     3     2 2         2
2 1 1     1 2     3 3
1 1 0     1 2     2     2
3     3 2 2 2     2
```

Hard (899)

```
            2 3     3
2     2             3
3 2 1     1 2 1         3
    3         2 2     1 2
  3 2 0 2 1     0
        1       3     1
2 3 2 3 2     3
1                 2
2     2     2     3     1
3                 0     2
```

Hard (900)

```
      3     3           1
2     3     1     3     0
  2 3         1 2     2
    2 2             1 0 2
3                 1 1 2
            2 3     3
3                 2 3     2
  1 1 2         2
1     3 1     2 3 2
3     1 3 2
```

Solution on Page (214)

Hard (901)

Hard (902)

Hard (903)

Hard (904)

Hard (905)

Hard (906)

Solution on Page (215)

Hard (907)

Hard (908)

Hard (909)

Hard (910)

Hard (911)

Hard (912)

Solution on Page (215)

Hard (913)

Hard (914)

Hard (915)

Hard (916)

Hard (917)

Hard (918)

Solution on Page (215)

Solution on Pages (215-216)

Hard (925)

Hard (926)

Hard (927)

Hard (928)

Hard (929)

Hard (930)

Solution on Page (216)

Hard (931)

Hard (932)

Hard (933)

Hard (934)

Hard (935)

Hard (936)

Solution on Page (216)

Hard (937)

```
3     1 1       3
    3   1 0 1
2       1 1 1 3   3
3     2       2
2     3 0   2 2
2 3             2
2   1 3 2 1 2 2
    1   2 1   2   2
2   2 3 2 1 1 1 2
3   1 3       3
```

Hard (938)

```
  2     2 2 2     2
    3     3
  3     1   0 2 1 2
  2       2 3
1 2             1     3
3   1 0 3     1
  2 2 1   2       2 3
3   3 1   2 1 3 2
1 2 1     2     1 2 2
    2 2 1     3 3
```

Hard (939)

```
      1         2 3
2 1         3 3
2   3 1 2 2 0 1   3
2     2             1
2 1       0 2   2 3
  3     3 2   2 1 2
2   1 2 3
3     1 1 2 1
  0         2 2     3
  1             3
```

Hard (940)

```
3           1 2   3
  3 2 2 2         2
2   1       1 2
  3 3
  1       1   3 0 2
  2 2 2       2   3
3     2 3 1   2 1 3
2   1 1     2 3   2
2   2     2 2   2
3     3   1
```

Hard (941)

```
2 2   2     1     3
  3   2
    2     3       1
3   2   3     3
3   2 1         1
  2   3 2   3 2
3     3       2
      3   2     2
2 1 1   0 2
  3 3   3   3 1 3
```

Hard (942)

```
3 3   1 3 2     3 3
        3 0     1 1
  3   2 2         2
  3   2   2 2 1 3
    1   1 2   1 2
  1 3   3
3 2     2   3
    1   3 1 2     2
  3   1   2 3   2 1
        3       3 3
```

Solution on Pages (216-217)

(159)

Solution on Page (217)

Hard (949)

```
3     3     3     2     1
  3     3         3     1
  2               0
    3 2           1     1
    2     2     2         3
    3 3         2
1     1 1     1           3
2     2 2 2       1
3         1     1 1       2
  3           3 3     3
```

Hard (950)

```
          2
2 3       2 1 3 2       2
0     2 1 2           1 3
  3     1               2
1 1     1       2 1 2 2
  1 0         2
  2                 2     3
1 2         3       1 1 3
2     3 2 2             2
  3       3 2     1
```

Hard (951)

```
3             3       3
    2 3           0
2 3     2     1 0 1
    1 0         1 0     3
  2 3           2 2 3 2
  1     2 2 1     1 2
  3             1 2     2
    2         2     3 2
3 3           1       2 1
        2 2     3
```

Hard (952)

```
  2 3 2 2 3 1     2
                1 1
    2     1 1 2 2
  3     3         0 2
            2     3     1
  3     3
  2     2     3         1
2 2     2 2         0 3
2     1     2 2 3
          2 2 3       3
```

Hard (953)

```
    3
2   3 2 2 2
    3 1         3 3
      2         2     3
      3 1
  2 1         3         3
3   3 2 1     2 2
3 1               1     3
2     2 3 0 1 3       3
          2           2
```

Hard (954)

```
    3     2     0 1
2         2
          3     3 3
3   1 1     1     0
  2 1     1               3
  2 2 3     2 3 1 2
2     1     2 2
3 2 3           2       3
        1           1     2
3     3 2 2     3
```

Solution on Page (217)

(161)

Hard (955)

Hard (956)

Hard (957)

Hard (958)

Hard (959)

Hard (960)

Solution on Page (217)

Hard (961)

```
          .   .   .   .   .   3   .   3   3
      .   3   .   1   .   0   .   .   2
      .   3   .   .   .   1   3   .
      .   .   .   3   .   1   1   .   3
  2   2   .   .   .   2   1   3   2
  1   .   3   .   .   .   1   2   2
      .   2   .   1   2   2   .   1   .   2
  3   .   .   2   .   3   .   2   .   2
      .   .   .   2   2   .   .   .   2
  3   .   2   2   .   3   2   .   .   3
```

Hard (962)

```
  1   .   2   2   2   2   .   3   .   3
      2   1   .   2   .   3   2   2
  3   .   1   0   2   .   .   1   .
      .   2   2   2   1   3   .
  3   .   .   .   1   2   .   3
      .   1   .   3   .   .   .
  3   .   2   .   2   .   2   .   0
      .   .   2   1   2   1   .   0   2
      .   .   2   .   1   2   2   .
  3   .   3   .   .   .   2   .   3
```

Hard (963)

```
      .   .   1   .   3   2   2
      .   .   .   0   .   2   2   2
      2   0   .   2   .   1   1
      .   1   .   .   1   .   .
      3   .   0   .   2   .
      1   0   2   3   .   2   .   3
  3   .   2   .   .   .   .   3
      3   .   .   .   2   .   2
      .   1   2   1   3   .
  1   2   .   2   .   3   2
```

Hard (964)

```
      .   .   3   2   2   1   2   3
  3   .   3   1   .   .   2   2
      0   3   2   3   .   2   1
      2   .   2   .   1   2
      1   .   3   1   .   .
      2   .   3   .   1   .   1
  3   .   1   .   2   .   1
  3   2   .   2   2   3   2
      .   2   .   .   .   .
      3   .   2   3   3   1   2
```

Hard (965)

```
      3   .   1   .   .   3   .   3
      .   3   2   2   .   .   .
  3   1   3   .   3   2   2   0
      .   .   1   0   2   .   3   3
      2   3   0   .   2   2   2   2
      2   .   .   .   1   2
  1   2   .   3   3   2   3   3
      .   .   .   1   2
      .   2   3   1   .   1
      .   .   .   .   3   3
```

Hard (966)

```
      .   .   3   .   1   .   3
  3   .   1   1   1   .   3
  2   2   .   .   2   .   2   3
      3   2   1   2   2   .   2
      1   .   .   .   .
      1   2   0   3   2   2
      3   1   3   1   3   2
      1   2   2   2   3   2   2
  3   2   .   3   .   3
      1   .   .   .   3
```

Solution on Page (218)

Solution on Page (218)

Hard (973)

Hard (974)

Hard (975)

Hard (976)

Hard (977)

Hard (978)

Solution on Page (218)

Hard (979)

Hard (980)

Hard (981)

Hard (982)

Hard (983)

Hard (984)

Solution on Pages (218-219)

Hard (985)

Hard (986)

Hard (987)

Hard (988)

Hard (989)

Hard (990)

Solution on Page (219)

Solution on Page (219)

Hard (991)

Hard (992)

Hard (993)

Hard (994)

Hard (995)

Hard (996)

Hard (997)

	2	3	3		3			1	
3			0						2
3	2			1					2
	2			1		2	2		3
2	1		2				1	2	1
	2	2		2	2	2			
1	1	2		1		1		2	
1				3	3			1	
2		1	3			1		2	2
	3			3	2				

Hard (998)

	2	2	3	2		3			
		2	2				1		3
	2	2	3	2		1	1	1	3
					3				2
	2	1	3						2
2				2	2	3			
2		0	2			2		1	
3			0	2	2		3	2	
2		1	1						3
		2						3	

Hard (999)

3	2	2	1	0			2		
2				2				3	
						2	2	0	
		3			1	1		3	
2	2				1	1		2	2
	2	2		3		2			2
	1	2			2	1	1	3	
3		2	1		2	1			
		3			2		3		1
	2			1		3			2

Hard (1000)

		0	1		2	2	2	2	
2		0	1		2			2	2
				3				1	2
	2	1			1		1	0	3
2		2	3	1		2	2		2
	1		1			2			
	2		3	3			1		1
3		2			2	3		1	
3					2			1	3
		3				1		3	

Solution on Page (219)

(169)

::::: *Puzzle (1)* :::::　　::::: *Puzzle (2)* :::::　　::::: *Puzzle (3)* :::::　　::::: *Puzzle (4)* :::::

::::: *Puzzle (5)* :::::　　::::: *Puzzle (6)* :::::　　::::: *Puzzle (7)* :::::　　::::: *Puzzle (8)* :::::

::::: *Puzzle (9)* :::::　　::::: *Puzzle (10)* :::::　　::::: *Puzzle (11)* :::::　　::::: *Puzzle (12)* :::::

::::: *Puzzle (13)* :::::　　::::: *Puzzle (14)* :::::　　::::: *Puzzle (15)* :::::　　::::: *Puzzle (16)* :::::

::::: *Puzzle (17)* :::::　　::::: *Puzzle (18)* :::::　　::::: *Puzzle (19)* :::::　　::::: *Puzzle (20)* :::::

::::: *Puzzle (21)* :::::

::::: *Puzzle (22)* :::::

::::: *Puzzle (23)* :::::

::::: *Puzzle (24)* :::::

::::: *Puzzle (25)* :::::

::::: *Puzzle (26)* :::::

::::: *Puzzle (27)* :::::

::::: *Puzzle (28)* :::::

::::: *Puzzle (29)* :::::

::::: *Puzzle (30)* :::::

::::: *Puzzle (31)* :::::

::::: *Puzzle (32)* :::::

::::: *Puzzle (33)* :::::

::::: *Puzzle (34)* :::::

::::: *Puzzle (35)* :::::

::::: *Puzzle (36)* :::::

::::: *Puzzle (37)* :::::

::::: *Puzzle (38)* :::::

::::: *Puzzle (39)* :::::

::::: *Puzzle (40)* :::::

::::: *Puzzle (41)* ::::: ::::: *Puzzle (42)* ::::: ::::: *Puzzle (43)* ::::: ::::: *Puzzle (44)* :::::

::::: *Puzzle (45)* ::::: ::::: *Puzzle (46)* ::::: ::::: *Puzzle (47)* ::::: ::::: *Puzzle (48)* :::::

::::: *Puzzle (49)* ::::: ::::: *Puzzle (50)* ::::: ::::: *Puzzle (51)* ::::: ::::: *Puzzle (52)* :::::

::::: *Puzzle (53)* ::::: ::::: *Puzzle (54)* ::::: ::::: *Puzzle (55)* ::::: ::::: *Puzzle (56)* :::::

::::: *Puzzle (57)* ::::: ::::: *Puzzle (58)* ::::: ::::: *Puzzle (59)* ::::: ::::: *Puzzle (60)* :::::

::::: *Puzzle (61)* ::::: ::::: *Puzzle (62)* ::::: ::::: *Puzzle (63)* ::::: ::::: *Puzzle (64)* :::::

::::: *Puzzle (65)* ::::: ::::: *Puzzle (66)* ::::: ::::: *Puzzle (67)* ::::: ::::: *Puzzle (68)* :::::

::::: *Puzzle (69)* ::::: ::::: *Puzzle (70)* ::::: ::::: *Puzzle (71)* ::::: ::::: *Puzzle (72)* :::::

::::: *Puzzle (73)* ::::: ::::: *Puzzle (74)* ::::: ::::: *Puzzle (75)* ::::: ::::: *Puzzle (76)* :::::

::::: *Puzzle (77)* ::::: ::::: *Puzzle (78)* ::::: ::::: *Puzzle (79)* ::::: ::::: *Puzzle (80)* :::::

| ::::: *Puzzle (81)* ::::: | ::::: *Puzzle (82)* ::::: | ::::: *Puzzle (83)* ::::: | ::::: *Puzzle (84)* ::::: |

::::: *Puzzle (81)* :::::

```
3 3 3 2 0 1 2 2 2 3
2           1   2
    2   0 2 3     2
2   1 2 3   2 2
  3 2 2 2 1 2 1 1
2 2   2         3 2
3 1 2 3 2 1 2 3 1 3
  2 2 1 2 0 2 1 2
  3 1   2         2
2 3 2 2 2   2 2 2
```

::::: *Puzzle (82)* :::::

```
  1   3 3 2 1 2 3 2
2 1 0   1   2   1 2
    3   3 2 3 2   3
        2           2
2 3 2 2   3 0 2 2
2   2 3 1 2   2 2
2       1 0 2 1
3 1     1 1   3   2
3   2   3 2 2   2
  2 2 3 2 1     3
```

::::: *Puzzle (83)* :::::

```
  2 3 3 3 2
3   1 1   1       3
  1 2 1   3 1
2 2 1   1   1 3 1 3
  1 0   1       2   2
  3 3 2 1 1       2 2
2 0   1 2 2 3 2 2 1
      1 1 0   1 2 1
1 1 2 3   1 2 3 1   3
1 1   2       3 2 1
```

::::: *Puzzle (84)* :::::

```
2   3   3 2 3 2 2
1 1   1 1   2   1 2
2 2 3   1 2 0   1 3
2   1 2   1 0 0
2 2 1 3 2 3 1 0 1 3
  2 0 2 2 2 0 0 1 2
1 3 1 1   3   1 3 2
2 2 1 3 2 1   1
1 1   3 1   1   1
2 3 2 2     3 3
```

::::: *Puzzle (85)* :::::

```
  2       1   1 2
2   2   2 2 2       1
2   1   2 2 2 1
3 2   2 2     1 1 0 2
2   1 2 2       2 3 3
3 3 2 3 2 2 2 2 2
    1   2 2 2 2 2
3 2 1 1 3 2   2 2 2
2       2 2 1 3 2 2 2
3 2 2 1   2   2
```

::::: *Puzzle (86)* :::::

```
3   3   3 2 2 2 1 3
1   0 2 0   2   1 3
    3 3   2 3       2
1     2 1         2 2
2   3 2 1   1 3 2
        0   2 2   1 2
    3 1     1 2 1 2
    2 2 3 0 1 3   3 3
      1 3 2 2   1 2
3 2 2 2 1 3 3 2   3
```

::::: *Puzzle (87)* :::::

```
2       1 2     2 3
3 2 2 3 2 3
      3   1 2       3
3 2 2   3 2 2 0     1
    2   2 1 2 3 2 3 3
2 0     2 3   1 2 2
    3 2 2 1 3   0 2 2
    2 2 2   1 1 1 3 2
3 1   1     3 2 2
    3 3   2 3     2
```

::::: *Puzzle (88)* :::::

```
2   3 2   3 3 2 2 3
  2 1 1 2   0 1 1 2
  2   1     1   2 2
2 1 2 2 1     3 2 1
3   2 3 2 3 2 2 2 2
      3 1 2   2     2
2 2   2 1 2 2   2 2
3 2 2 3   3 2       3
2     2   2       2
    2 2   2 2     3
```

::::: *Puzzle (89)* :::::

```
3 2 0 0   3 2 0 2
2 2 1 2   1     2
2   3   2 2     2
2 1       1 2 2 1
  1 1 0   1   2 3 3
    2 2 3 2 1 3 1 2
1   2 2           2
2 2 2 1 2 0     3 2
2 2 3 2 2   3 0
    0     1 2 3 3 3
```

::::: *Puzzle (90)* :::::

```
2 3 2 0 2 3 3 3 3
3 1   2         1   2
2 2                 1
3 2   2 2 2 3 3 3 2
2   2 3 2 3   2 1 3
2     1 1 2 1 3 2 2
3 2   3   2 1 2 1
2 1 2 2 1         3
  1   2   2 1 1 2
3 3 3 2   3   2
```

::::: *Puzzle (91)* :::::

```
    1 3 2     2
3     0 2 3 2   2
1 2 1 1 3   1   1
2   2 2 3 2 2 3 2
2 1   1     2 2
3   0 3 1 3 1 2
3   2     2 2 3
3 2 1 2 3 1   1
3 3 3   2 3   2
3 2 1 1 2 3 2   3
```

::::: *Puzzle (92)* :::::

```
    3 2   3 3 2 2 3
3 2 2   1     2 1 2
2     3 1 2   3   1 1
3 3 1 1 2 2 1 2 1 2
1 2 1   3       3
  2 1 0 2 1     1 2
2     2   2 3   0 2
3       2 2 1
  3   1 2 2 1 2   2
3 2 0   3 2 1 0 2
```

::::: *Puzzle (93)* :::::

```
2   2 3 2   2 2 2 3
3 1 2     1 1 2
3   2 1   2 0 1 3 2
2       2 2   0   1
  2 2   3 3 1 1
2 3 2   1       3
2 1   2 2 2   1 1 1
3 2   1 2       3 3 3
2 2 2 2   1 0 2 1
3   1 3 3 2 1
```

::::: *Puzzle (94)* :::::

```
3 3 2 2 2 3 3     2
2 2   3 2 2 1 2 3
2 2 2 0 2 3 1       1
  2   3 1 2     1
  2 1 2 2       1 1
1 2 2 2 3       2 3
3 2       3 0 1
  1 2     2 2 2 2
  2       1 2
2 2 3 2 2 2 2 2
```

::::: *Puzzle (95)* :::::

```
    2   3 3   3 2
2 2   3   1 0 1   3
3 2 3 2 1 0 1 2   2
2   2 2 3 2 3 2 1
1   3 2 1 2 2 2 3
1 1   2 2 2 2     2
1     1 2 2 2     2
2 1 3 1 1 1   2 2
2 2 3 1         2
2 0 2   2 2   2 3 3
```

::::: *Puzzle (96)* :::::

```
3       2       2 3 3
2
2 2 2 3 2 1 3 2 3 3
1 1 2   3 1   1 2
2 1 2 2 1 1 1 1 1 2 2
  2 2 2 2 3     2   3
3 2 2 3 1 2 3 2     2
  2 1 2   3 2 0
3 3 2       2 3
2 2 2 2 2 3 3 2 2 2
```

::::: *Puzzle (97)* :::::

```
3           2 3 2   1
1       2   3   3 3
1 2 1 2 3 2 3   1 2
2   3   2 0 2       3
  1 2 3 3 3 2 2 1 3
2 3 1 2     1     2
3 2 1 3 2 3 3 2 1 2
2   2 1   0 2 2   2
2     3 3 2         2
    2 2 1 3 2 3 3
```

::::: *Puzzle (98)* :::::

```
3   1 3 2 3 3 3 2
1 3   3 1 2     2 1 3
  3 2 1         2 2
2 2   1 0   2 2 1 2
2   3 3 3 3 2     3 3
3       1       2 1
          1 2 1   2
      1 2 2 3 2 2 2
3 2 2         2 2 2
2 2 3 2 2 2 2 2 3 2
```

::::: *Puzzle (99)* :::::

```
1 2 3 1   3 2 2 2 2
2   2 1 2 2     3 3
2 2 1 1       2 1
3   3 3 2   2 3
1   0   1 2 1     2
3   2           2
2 2 2   1   2 2
3 2     3     3     2
3 2 1 3 1 2 1   2
3 2 2   2 3 3 3 3
```

::::: *Puzzle (100)* :::::

```
2 2     2   3 2 1
3 2   1 3 2 3 1 1 2
2 0 3   3   2 1 1 2
  1 3 0 3 2 3 2 2 2
3 1       0 2 2 2 2
3 1     2 1   2 2
3   2   2 1   3 2 3
      2   3 2
2 3 2 2   1   1 2
        3 3 2 2   3
```

::::: *Puzzle (101)* ::::: ::::: *Puzzle (102)* ::::: ::::: *Puzzle (103)* ::::: ::::: *Puzzle (104)* :::::

::::: *Puzzle (105)* ::::: ::::: *Puzzle (106)* ::::: ::::: *Puzzle (107)* ::::: ::::: *Puzzle (108)* :::::

::::: *Puzzle (109)* ::::: ::::: *Puzzle (110)* ::::: ::::: *Puzzle (111)* ::::: ::::: *Puzzle (112)* :::::

::::: *Puzzle (113)* ::::: ::::: *Puzzle (114)* ::::: ::::: *Puzzle (115)* ::::: ::::: *Puzzle (116)* :::::

::::: *Puzzle (117)* ::::: ::::: *Puzzle (118)* ::::: ::::: *Puzzle (119)* ::::: ::::: *Puzzle (120)* :::::

::::: *Puzzle (121)* :::::   ::::: *Puzzle (122)* :::::   ::::: *Puzzle (123)* :::::   ::::: *Puzzle (124)* :::::

::::: *Puzzle (125)* :::::   ::::: *Puzzle (126)* :::::   ::::: *Puzzle (127)* :::::   ::::: *Puzzle (128)* :::::

::::: *Puzzle (129)* :::::   ::::: *Puzzle (130)* :::::   ::::: *Puzzle (131)* :::::   ::::: *Puzzle (132)* :::::

::::: *Puzzle (133)* :::::   ::::: *Puzzle (134)* :::::   ::::: *Puzzle (135)* :::::   ::::: *Puzzle (136)* :::::

::::: *Puzzle (137)* :::::   ::::: *Puzzle (138)* :::::   ::::: *Puzzle (139)* :::::   ::::: *Puzzle (140)* :::::

::::: Puzzle (141) :::::   ::::: Puzzle (142) :::::   ::::: Puzzle (143) :::::   ::::: Puzzle (144) :::::

::::: Puzzle (145) :::::   ::::: Puzzle (146) :::::   ::::: Puzzle (147) :::::   ::::: Puzzle (148) :::::

::::: Puzzle (149) :::::   ::::: Puzzle (150) :::::   ::::: Puzzle (151) :::::   ::::: Puzzle (152) :::::

::::: Puzzle (153) :::::   ::::: Puzzle (154) :::::   ::::: Puzzle (155) :::::   ::::: Puzzle (156) :::::

::::: Puzzle (157) :::::   ::::: Puzzle (158) :::::   ::::: Puzzle (159) :::::   ::::: Puzzle (160) :::::

::::: *Puzzle (161)* ::::: ::::: *Puzzle (162)* ::::: ::::: *Puzzle (163)* ::::: ::::: *Puzzle (164)* :::::

::::: *Puzzle (165)* ::::: ::::: *Puzzle (166)* ::::: ::::: *Puzzle (167)* ::::: ::::: *Puzzle (168)* :::::

::::: *Puzzle (169)* ::::: ::::: *Puzzle (170)* ::::: ::::: *Puzzle (171)* ::::: ::::: *Puzzle (172)* :::::

::::: *Puzzle (173)* ::::: ::::: *Puzzle (174)* ::::: ::::: *Puzzle (175)* ::::: ::::: *Puzzle (176)* :::::

::::: *Puzzle (177)* ::::: ::::: *Puzzle (178)* ::::: ::::: *Puzzle (179)* ::::: ::::: *Puzzle (180)* :::::

::::: *Puzzle (181)* :::::

::::: *Puzzle (182)* :::::

::::: *Puzzle (183)* :::::

::::: *Puzzle (184)* :::::

::::: *Puzzle (185)* :::::

::::: *Puzzle (186)* :::::

::::: *Puzzle (187)* :::::

::::: *Puzzle (188)* :::::

::::: *Puzzle (189)* :::::

::::: *Puzzle (190)* :::::

::::: *Puzzle (191)* :::::

::::: *Puzzle (192)* :::::

::::: *Puzzle (193)* :::::

::::: *Puzzle (194)* :::::

::::: *Puzzle (195)* :::::

::::: *Puzzle (196)* :::::

::::: *Puzzle (197)* :::::

::::: *Puzzle (198)* :::::

::::: *Puzzle (199)* :::::

::::: *Puzzle (200)* :::::

::::: *Puzzle (201)* :::::　　::::: *Puzzle (202)* :::::　　::::: *Puzzle (203)* :::::　　::::: *Puzzle (204)* :::::

::::: *Puzzle (205)* :::::　　::::: *Puzzle (206)* :::::　　::::: *Puzzle (207)* :::::　　::::: *Puzzle (208)* :::::

::::: *Puzzle (209)* :::::　　::::: *Puzzle (210)* :::::　　::::: *Puzzle (211)* :::::　　::::: *Puzzle (212)* :::::

::::: *Puzzle (213)* :::::　　::::: *Puzzle (214)* :::::　　::::: *Puzzle (215)* :::::　　::::: *Puzzle (216)* :::::

::::: *Puzzle (217)* :::::　　::::: *Puzzle (218)* :::::　　::::: *Puzzle (219)* :::::　　::::: *Puzzle (220)* :::::

(180)

::::: *Puzzle (221)* :::::   ::::: *Puzzle (222)* :::::   ::::: *Puzzle (223)* :::::   ::::: *Puzzle (224)* :::::

::::: *Puzzle (225)* :::::   ::::: *Puzzle (226)* :::::   ::::: *Puzzle (227)* :::::   ::::: *Puzzle (228)* :::::

::::: *Puzzle (229)* :::::   ::::: *Puzzle (230)* :::::   ::::: *Puzzle (231)* :::::   ::::: *Puzzle (232)* :::::

::::: *Puzzle (233)* :::::   ::::: *Puzzle (234)* :::::   ::::: *Puzzle (235)* :::::   ::::: *Puzzle (236)* :::::

::::: *Puzzle (237)* :::::   ::::: *Puzzle (238)* :::::   ::::: *Puzzle (239)* :::::   ::::: *Puzzle (240)* :::::

::::: Puzzle (241) :::::

```
        2 2 2 3 2
1 2 1 3 2 3       2
  3   2 1 2 0 2 1 2
  2 2       2 3   2 3
1 2 3           1 2
3   1 0 3 1 1 1     2
2 2 2 1   2 2 2 2
3 2 3 1 2 2 1 3     2
1 2         2 2
  3 2 2 1   2 3 3 3
```

::::: Puzzle (242) :::::

```
  2 3 2 1 2 3 2
2 2   2       2 1 1 3
1 2 1 2 2 2 3     2 2
1   3 2 1 3         1
2 1       0 1 1 2
    3 3 2     2 2 2 3
  2 2 1 3     2 0 2 2
2   2 2 2 0 3 2 2 2
      2 3   3 2     1
3   2 2   1 2     1
```

::::: Puzzle (243) :::::

```
3   2   2 3 1 2 2 2
    1 2 0 3 2 2 2 3
2           2   2   2
3 3 1 1 1 1 1 2     3
2 2 1 0   2 1   2 2
      1 2 1
      1 0 1 2 3 1 3 2
1 3 1   3   2     2
2 2   0 1     1
  2 3 2 2 3 2 1 1
```

::::: Puzzle (244) :::::

```
      2 3   3   2 2
1 2 1 2 1 2 1     2
2 3 3   1 2   3 2
2 1 1   3 1 2     3
2   2 2 3   2   2
2 2 2 2 0 1 1 3   0
2   1   2 1   0 2 2
3 2   2 1 3 3 3
2 2     2 2   1 3
3 2 2 2 1 3 2   2
```

::::: Puzzle (245) :::::

```
3 1   3   3 1       2
2     2   2 1 0 2 2
2 2 3   2 1 1   2
2 2 3       3 2 2
  1 2 0 2 1 2   3
1 1   3 2   3   2 3
2 1 2 2 1       1 3 1
3   3 2 3       2
2 1 2 1 2 1 3 1 3
3 3 3   3       2
```

::::: Puzzle (246) :::::

```
2 3 2 3 3 2 2 1 2
    2   1 1   3
  2 1       2 0   2
2   2 3 2   3 1
2 2   2 2 2     2 2
3 3 2   2   2
1 1   3 1 3 1 2 3
3 2 2   2
3 0   1 1 1 0 2 2
  3   3 3 3 3 3 3 3
```

::::: Puzzle (247) :::::

```
2 3 3 3 2 2 2 1   1
2 0 2 1       1   1
2 2     1 1     1 3
1   1 3 1 1 2 2     2
2       1 3   3 1
3   1 1 2   3 0 1
1 3     3 1     2 3
2   2 2   1 0   2 1
3     1 2   1 2
2 2 3 2 3 3 3 2
```

::::: Puzzle (248) :::::

```
3 2 3   3 2 2
2 3 2   2   2   2 2
1 2   2 3   3 2 2 3
3 3 1 2   0 1 1   1
2 2 2 3   2 1 2 3
3 2 1       2   0
1   1 2 1 2     3 3
3   2   2 3 2   1
2     2 1 1 3
2 3 2 1   2 1 1
```

::::: Puzzle (249) :::::

```
3   1 2 3 3 2 0 2 3
3   1   3     2
2     1   1 2 2 3
  3 2 2 2 3 2
2 1       2 2 3 2 3
3   1 2 1 2   1 3
  3 2   1 2   2
3 1 1 1 1       3
3   3 1 3 1   0 2 1
3 1   2 3 3 3 3
```

::::: Puzzle (250) :::::

```
2 2       0 1   0 1
3   1       1
2 2   1 0   1   2 2
    2   2 3     1
2 0   2 0 1 3 1 1
  2 3 2 1 2     2
1 1 2 2 2       3
3 3 3 2 2   2 3 1 3
1   1 3 1 2 1   2 3
3 3 2 2   3 3   2
```

::::: Puzzle (251) :::::

```
    1   1   2 3 3
3 2 1 3   2   2 2
2 2 2 3 1 2 2   3 2
2   1 2 0       2
2   2 3     1 2 2
  3 1 1 2 3     2 3
    3   2 2 2 2
1 1 0 3 2   2 2   2
    2 2 1   1 2   3
3 2 2 2 2     3
```

::::: Puzzle (252) :::::

```
2 3       1   1 2 3
  3 2 3 2 3 2 2 1 1
2 1 2     1 1 2   3
2   3 2   1   1   2
1   3 1 2 2 3 2   2
2 2 3 1 2       2 2
  1 2   3   2   2
3 2 2 2 0     2 3
3 2 0 2   1   2   2
1 2 3 3     3 1 2
```

::::: Puzzle (253) :::::

```
  1 1 3 1 2 2
2     3 2 2 3 0 1 2
2 3 2 2   1 3 2   2
2       2 3
3   3 1 0 2     2 3
1 1 3     3 2 2 1 2
1 3 2   1 2
1 2 2 3 2 2       2
3 1 2   0   2 1 2 1
  3   2 2 2     3
```

::::: Puzzle (254) :::::

```
2 2       1 2 2   1 1
3 2       3   1
2 2   1   1   2 2 1
3 2 1 1 1 0 1
3   2   2   0 2 1 3
2 0 2   2   2 3 2 3
    0 2 1 1 2 2 2
3 3 3 1 1 0 2 2
2         2 3   2
2   2   3 2   3 2   3
```

::::: Puzzle (255) :::::

```
3   2 2 3 3     2
2   3   2 2 1 2   2
3 1 2 1   2     1 3
2 3 3           2 2
1   1 3 2 3 2     2
2 2 1 2 2 3 2 1
2 3 2 3 1   2 2
2   2   2 3 2 1
2   2   2 3 2 1
2 1 3 2 2 1 2 2
```

::::: Puzzle (256) :::::

```
    2 2   3   3 3
2 2   2 3 2 1 1 1 1
1 2 1 0 2 3
1 3 1 1 2   2 2 2 2
3 1   1 2   2 2
    1   1 2   1   2 2
3 0 2 2   2 0 2 2 2
3 2   1 1 3 2       2
2 2 2       1   2 2
2   3 3 3 3 3 3
```

::::: Puzzle (257) :::::

```
3   3 1   3 3
2 1 2 1 2     2 2
3 2   1 1   1 2 2 2
3   2 3       3 3
3 2     3   2 1 1 1
2   2   3 1   3
1   3 2 2 1 2     3
1 2   2       3 2 1
2 3 0 1     2 1 3 2
  3 2       3 3 2
```

::::: Puzzle (258) :::::

```
  1 1 2 2         2
  1   2 1 2 2 2 2
1 2 2 1 2 2 2 2 1 2
3 2 3 2   2 0 2 2 3
  1 2 0   3 3     2 2
2       3 1 2 2 2
  2 1   2 2     2 0 1
2   2 2 2   2 2   1 3
2   1 2 1     1     3
3     3 2   3 2   2 3
```

::::: Puzzle (259) :::::

```
1 3 2 3 3 3   3 3
      2 2 1 2 2 1 2 2
2 1 2       1   2
1 1           2 2 3 3
3 3   3 1   1       1
    1   2 1 1 1
2 2       3 1 3
2       3 1     1 2
1 1 0   2   2 2 1 3
  3 3 3 3 2 2 3 1
```

::::: Puzzle (260) :::::

```
2   1   1 2 1
2   2   3 2 2 0   3
2 2 2 2 2 2 2 2 0 3
2 3           2 3 2 3
1 2 1       2 2 0 3
    3               3
2 2       2 0       2
1 3 2 3 3       1   3
2 3 1   2   2   2 2
2   3 2 3 2 3 2 2
```

::::: *Puzzle (261)* :::::   ::::: *Puzzle (262)* :::::   ::::: *Puzzle (263)* :::::   ::::: *Puzzle (264)* :::::

::::: *Puzzle (265)* :::::   ::::: *Puzzle (266)* :::::   ::::: *Puzzle (267)* :::::   ::::: *Puzzle (268)* :::::

::::: *Puzzle (269)* :::::   ::::: *Puzzle (270)* :::::   ::::: *Puzzle (271)* :::::   ::::: *Puzzle (272)* :::::

::::: *Puzzle (273)* :::::   ::::: *Puzzle (274)* :::::   ::::: *Puzzle (275)* :::::   ::::: *Puzzle (276)* :::::

::::: *Puzzle (277)* :::::   ::::: *Puzzle (278)* :::::   ::::: *Puzzle (279)* :::::   ::::: *Puzzle (280)* :::::

::::: *Puzzle (281)* :::::   ::::: *Puzzle (282)* :::::   ::::: *Puzzle (283)* :::::   ::::: *Puzzle (284)* :::::

::::: *Puzzle (285)* :::::   ::::: *Puzzle (286)* :::::   ::::: *Puzzle (287)* :::::   ::::: *Puzzle (288)* :::::

::::: *Puzzle (289)* :::::   ::::: *Puzzle (290)* :::::   ::::: *Puzzle (291)* :::::   ::::: *Puzzle (292)* :::::

::::: *Puzzle (293)* :::::   ::::: *Puzzle (294)* :::::   ::::: *Puzzle (295)* :::::   ::::: *Puzzle (296)* :::::

::::: *Puzzle (297)* :::::   ::::: *Puzzle (298)* :::::   ::::: *Puzzle (299)* :::::   ::::: *Puzzle (300)* :::::

::::: *Puzzle (301)* :::::

::::: *Puzzle (302)* :::::

::::: *Puzzle (303)* :::::

::::: *Puzzle (304)* :::::

::::: *Puzzle (305)* :::::

::::: *Puzzle (306)* :::::

::::: *Puzzle (307)* :::::

::::: *Puzzle (308)* :::::

::::: *Puzzle (309)* :::::

::::: *Puzzle (310)* :::::

::::: *Puzzle (311)* :::::

::::: *Puzzle (312)* :::::

::::: *Puzzle (313)* :::::

::::: *Puzzle (314)* :::::

::::: *Puzzle (315)* :::::

::::: *Puzzle (316)* :::::

::::: *Puzzle (317)* :::::

::::: *Puzzle (318)* :::::

::::: *Puzzle (319)* :::::

::::: *Puzzle (320)* :::::

:::: *Puzzle (321)* ::::	:::: *Puzzle (322)* ::::	:::: *Puzzle (323)* ::::	:::: *Puzzle (324)* ::::
:::: *Puzzle (325)* ::::	:::: *Puzzle (326)* ::::	:::: *Puzzle (327)* ::::	:::: *Puzzle (328)* ::::
:::: *Puzzle (329)* ::::	:::: *Puzzle (330)* ::::	:::: *Puzzle (331)* ::::	:::: *Puzzle (332)* ::::
:::: *Puzzle (333)* ::::	:::: *Puzzle (334)* ::::	:::: *Puzzle (335)* ::::	:::: *Puzzle (336)* ::::
:::: *Puzzle (337)* ::::	:::: *Puzzle (338)* ::::	:::: *Puzzle (339)* ::::	:::: *Puzzle (340)* ::::

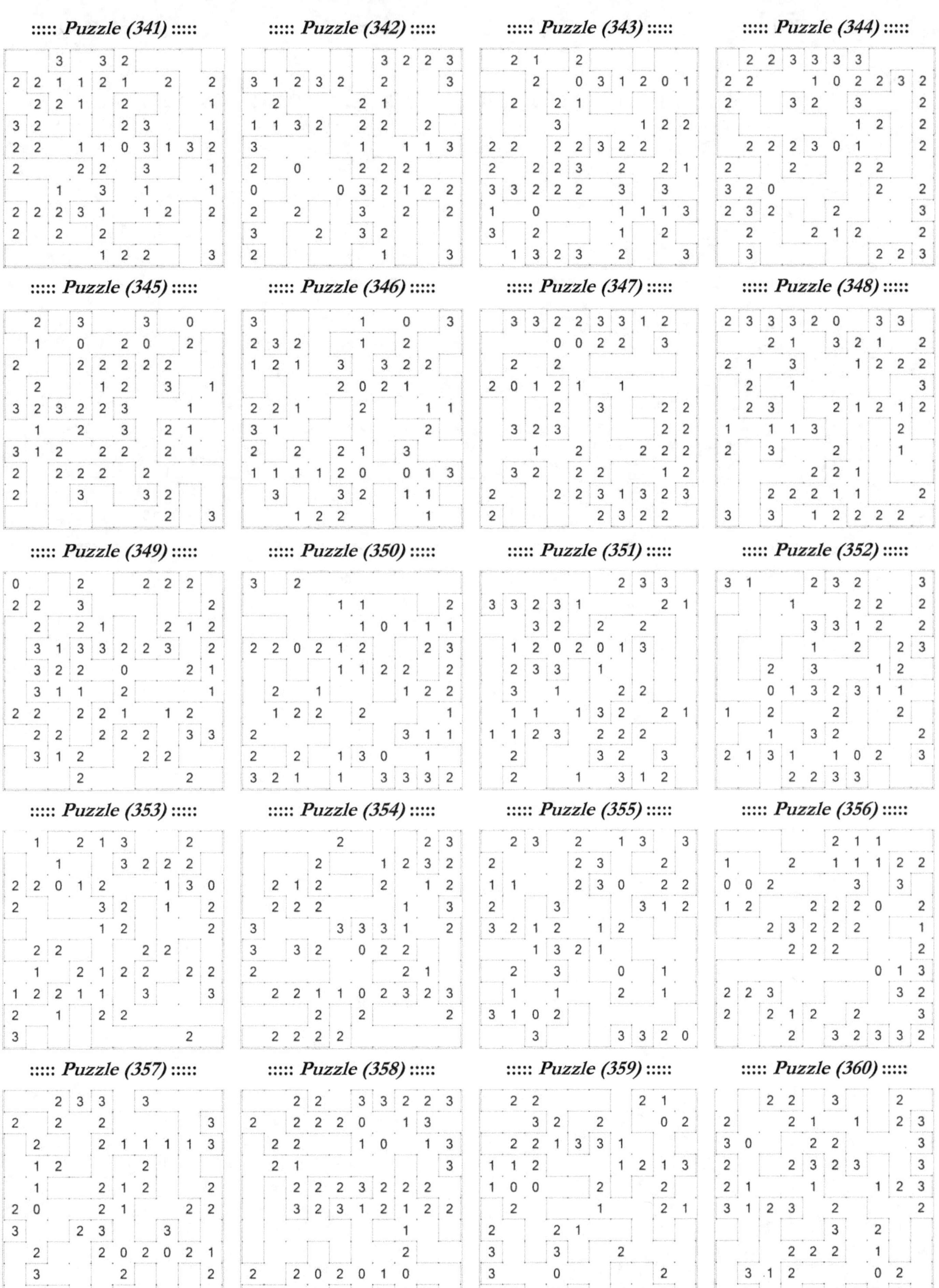

::::: Puzzle (341) :::::
::::: Puzzle (342) :::::
::::: Puzzle (343) :::::
::::: Puzzle (344) :::::
::::: Puzzle (345) :::::
::::: Puzzle (346) :::::
::::: Puzzle (347) :::::
::::: Puzzle (348) :::::
::::: Puzzle (349) :::::
::::: Puzzle (350) :::::
::::: Puzzle (351) :::::
::::: Puzzle (352) :::::
::::: Puzzle (353) :::::
::::: Puzzle (354) :::::
::::: Puzzle (355) :::::
::::: Puzzle (356) :::::
::::: Puzzle (357) :::::
::::: Puzzle (358) :::::
::::: Puzzle (359) :::::
::::: Puzzle (360) :::::

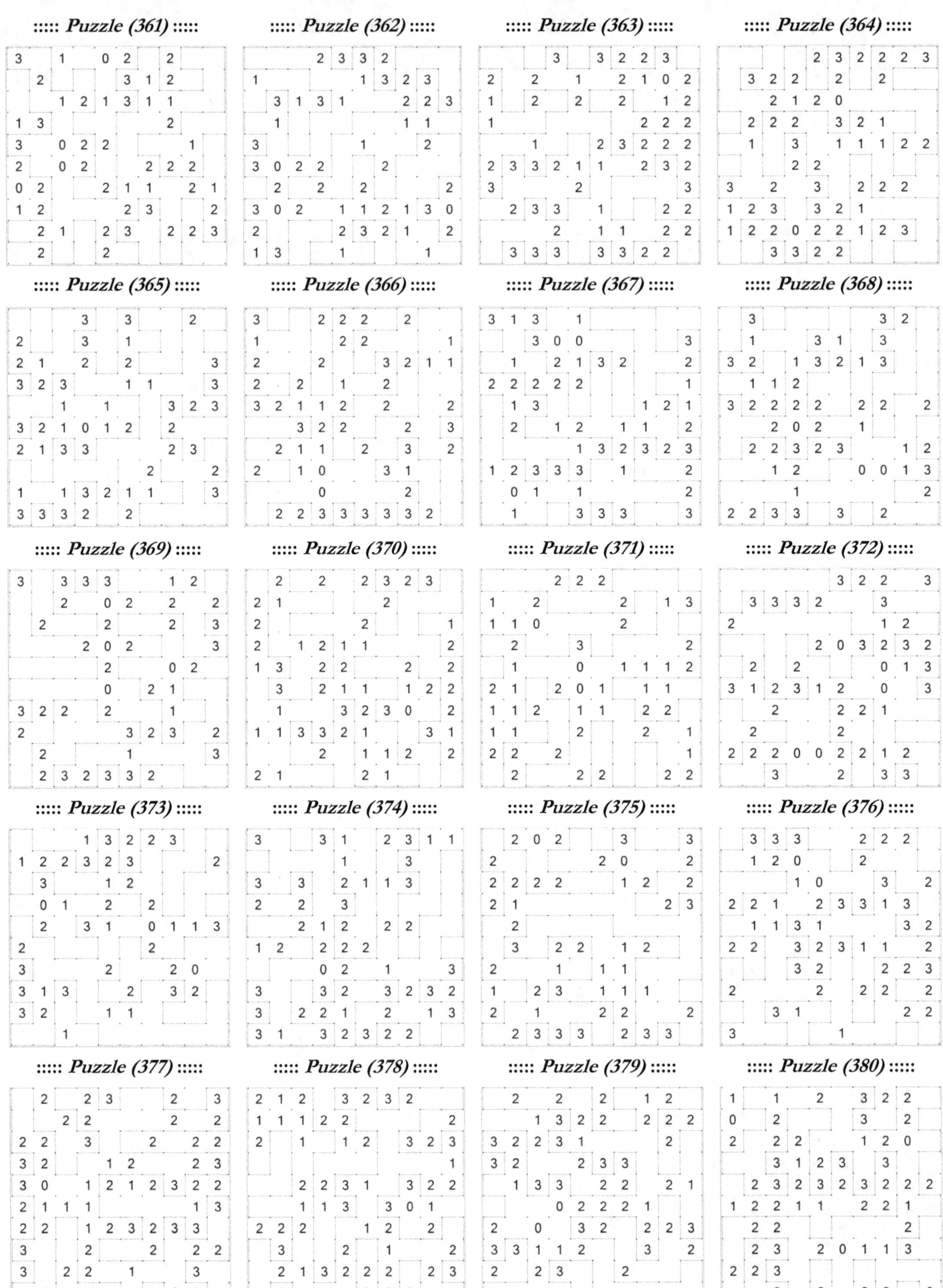

::::: *Puzzle (381)* :::::

::::: *Puzzle (382)* :::::

::::: *Puzzle (383)* :::::

::::: *Puzzle (384)* :::::

::::: *Puzzle (385)* :::::

::::: *Puzzle (386)* :::::

::::: *Puzzle (387)* :::::

::::: *Puzzle (388)* :::::

::::: *Puzzle (389)* :::::

::::: *Puzzle (390)* :::::

::::: *Puzzle (391)* :::::

::::: *Puzzle (392)* :::::

::::: *Puzzle (393)* :::::

::::: *Puzzle (394)* :::::

::::: *Puzzle (395)* :::::

::::: *Puzzle (396)* :::::

::::: *Puzzle (397)* :::::

::::: *Puzzle (398)* :::::

::::: *Puzzle (399)* :::::

::::: *Puzzle (400)* :::::

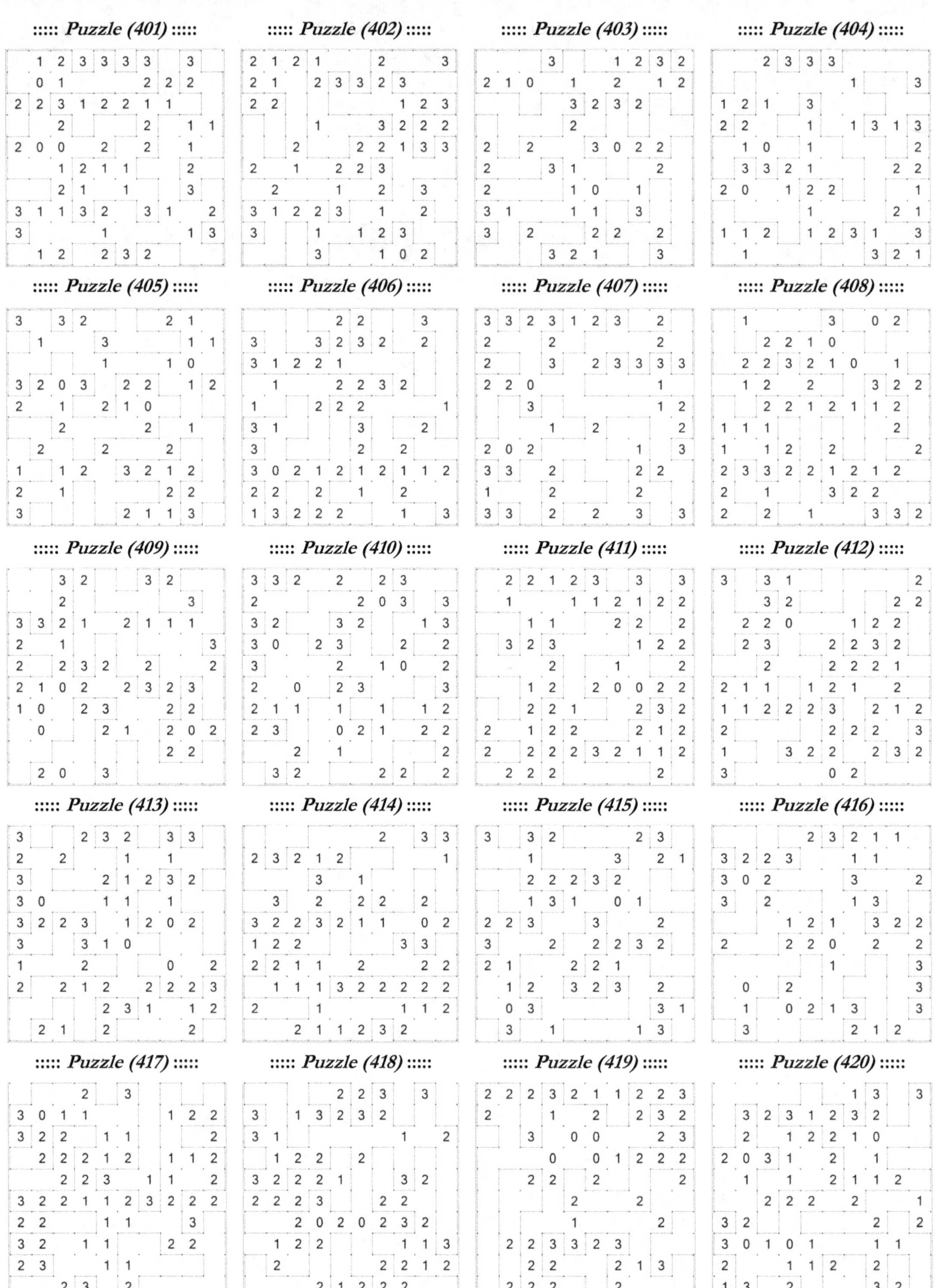

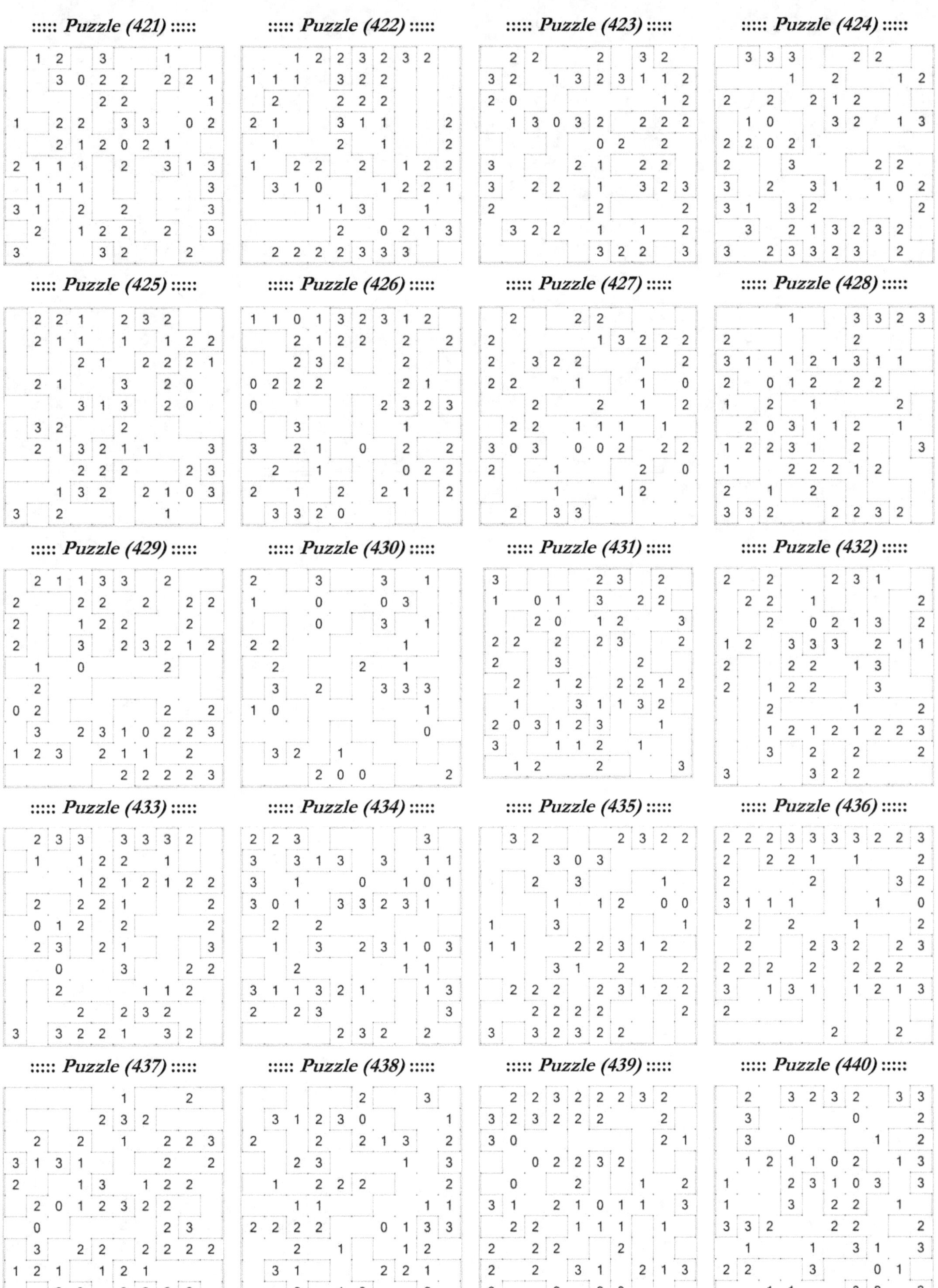

::::: *Puzzle (441)* ::::: ::::: *Puzzle (442)* ::::: ::::: *Puzzle (443)* ::::: ::::: *Puzzle (444)* :::::

::::: *Puzzle (445)* ::::: ::::: *Puzzle (446)* ::::: ::::: *Puzzle (447)* ::::: ::::: *Puzzle (448)* :::::

::::: *Puzzle (449)* ::::: ::::: *Puzzle (450)* ::::: ::::: *Puzzle (451)* ::::: ::::: *Puzzle (452)* :::::

::::: *Puzzle (453)* ::::: ::::: *Puzzle (454)* ::::: ::::: *Puzzle (455)* ::::: ::::: *Puzzle (456)* :::::

::::: *Puzzle (457)* ::::: ::::: *Puzzle (458)* ::::: ::::: *Puzzle (459)* ::::: ::::: *Puzzle (460)* :::::

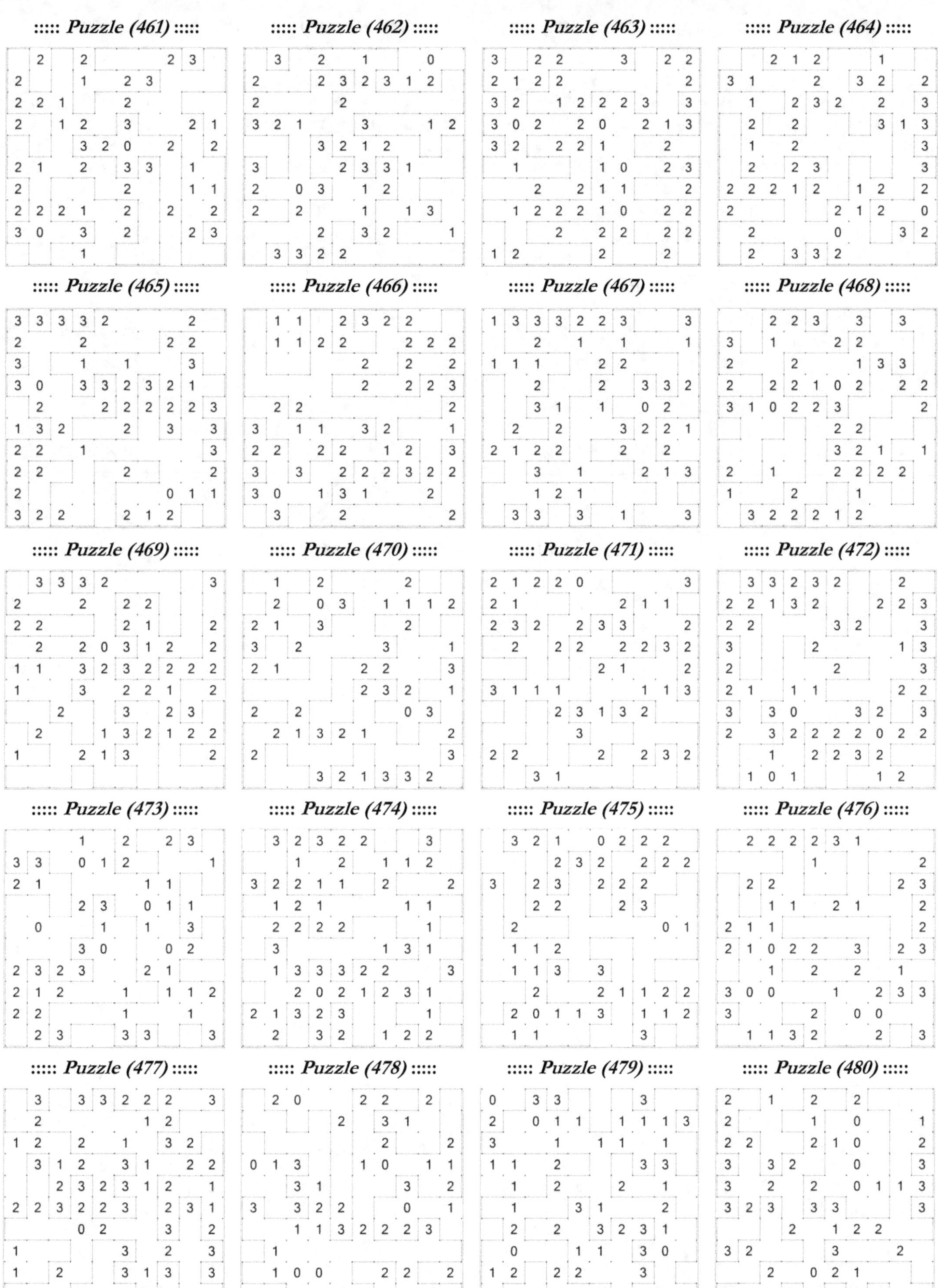

::::: *Puzzle (481)* ::::: ::::: *Puzzle (482)* ::::: ::::: *Puzzle (483)* ::::: ::::: *Puzzle (484)* :::::

::::: *Puzzle (485)* ::::: ::::: *Puzzle (486)* ::::: ::::: *Puzzle (487)* ::::: ::::: *Puzzle (488)* :::::

::::: *Puzzle (489)* ::::: ::::: *Puzzle (490)* ::::: ::::: *Puzzle (491)* ::::: ::::: *Puzzle (492)* :::::

::::: *Puzzle (493)* ::::: ::::: *Puzzle (494)* ::::: ::::: *Puzzle (495)* ::::: ::::: *Puzzle (496)* :::::

::::: *Puzzle (497)* ::::: ::::: *Puzzle (498)* ::::: ::::: *Puzzle (499)* ::::: ::::: *Puzzle (500)* :::::

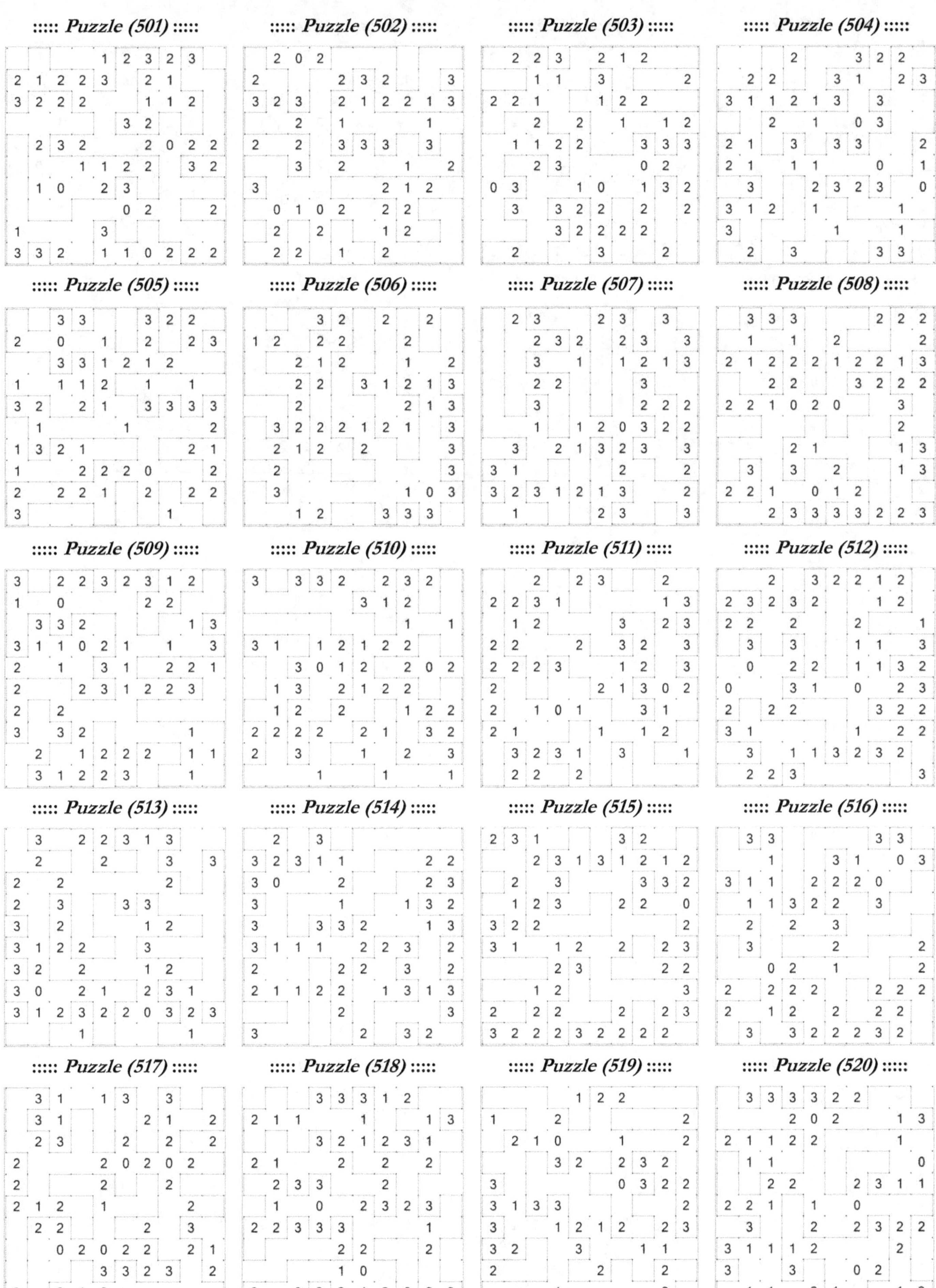

::::: *Puzzle (521)* ::::: ::::: *Puzzle (522)* ::::: ::::: *Puzzle (523)* ::::: ::::: *Puzzle (524)* :::::

::::: *Puzzle (525)* ::::: ::::: *Puzzle (526)* ::::: ::::: *Puzzle (527)* ::::: ::::: *Puzzle (528)* :::::

::::: *Puzzle (529)* ::::: ::::: *Puzzle (530)* ::::: ::::: *Puzzle (531)* ::::: ::::: *Puzzle (532)* :::::

::::: *Puzzle (533)* ::::: ::::: *Puzzle (534)* ::::: ::::: *Puzzle (535)* ::::: ::::: *Puzzle (536)* :::::

::::: *Puzzle (537)* ::::: ::::: *Puzzle (538)* ::::: ::::: *Puzzle (539)* ::::: ::::: *Puzzle (540)* :::::

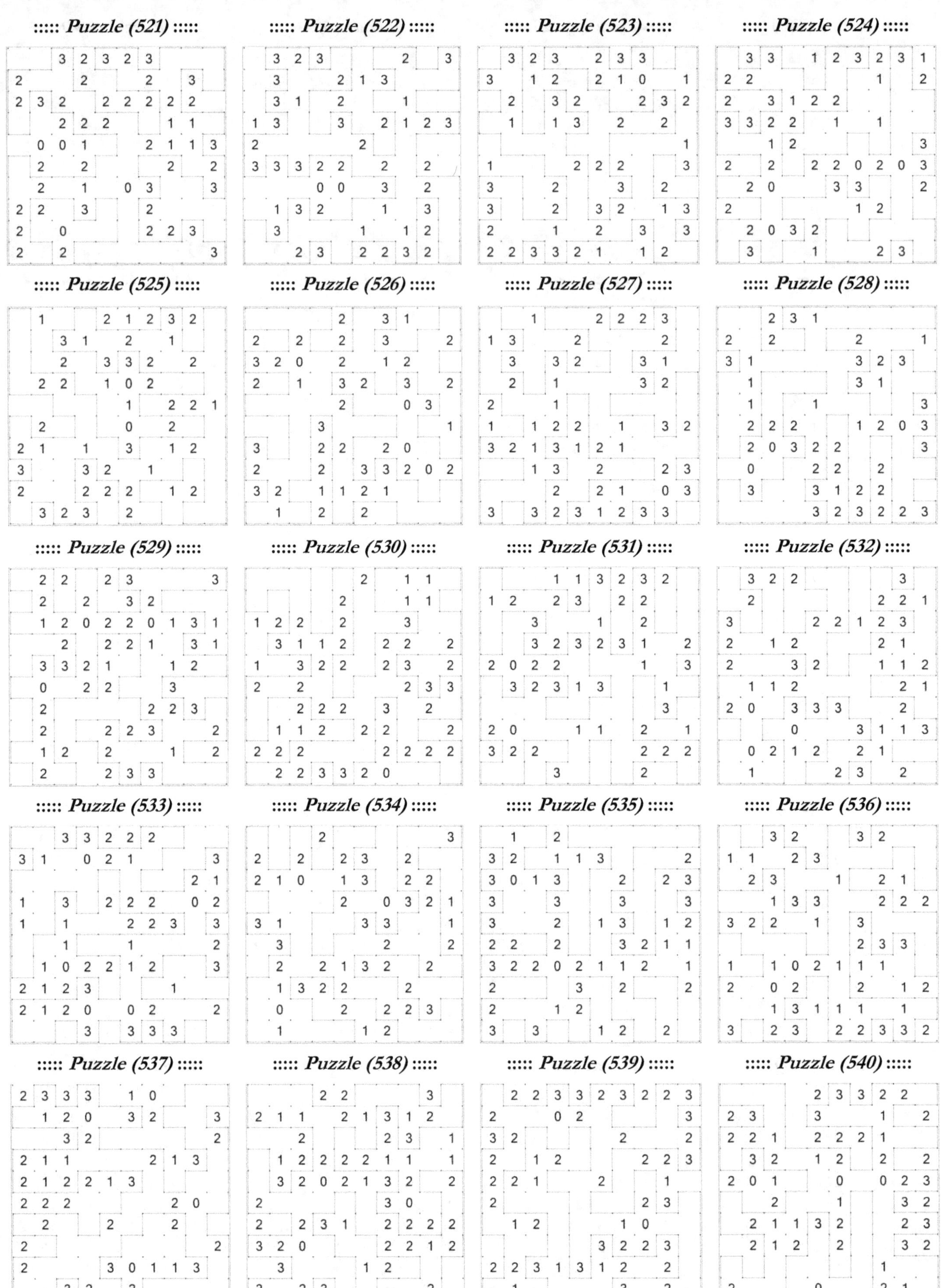

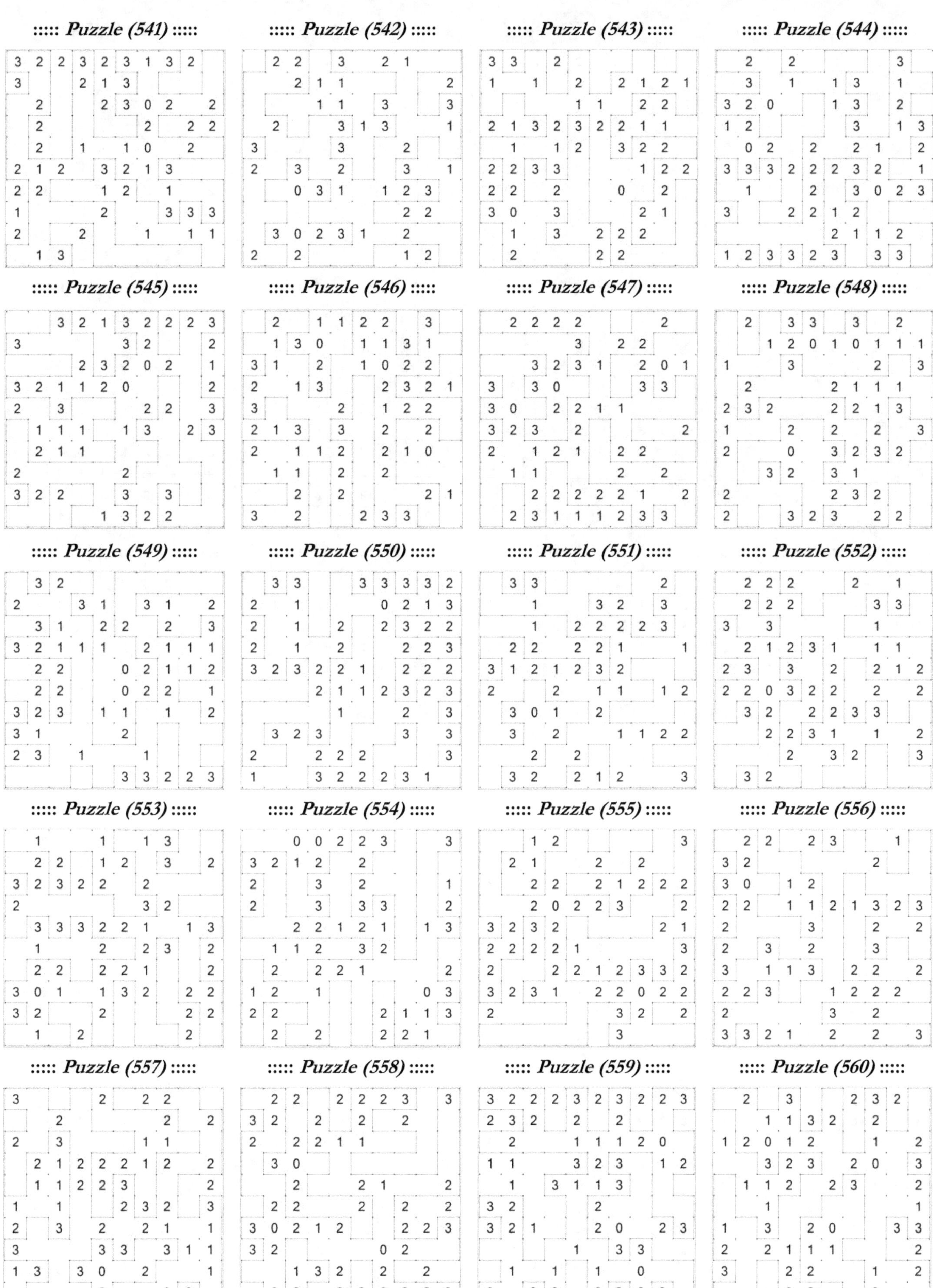

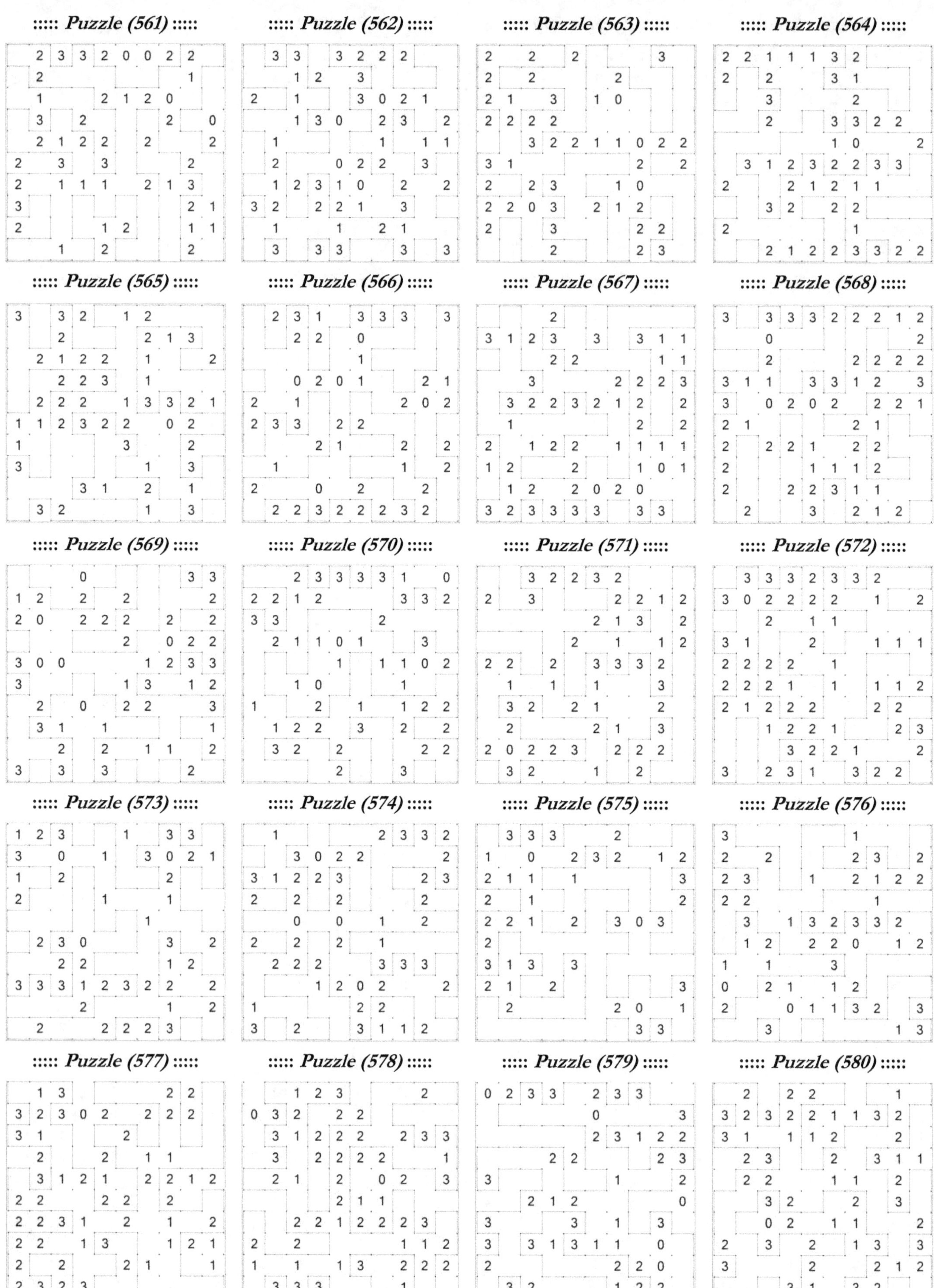

::::: *Puzzle (561)* ::::: ::::: *Puzzle (562)* ::::: ::::: *Puzzle (563)* ::::: ::::: *Puzzle (564)* :::::

::::: *Puzzle (565)* ::::: ::::: *Puzzle (566)* ::::: ::::: *Puzzle (567)* ::::: ::::: *Puzzle (568)* :::::

::::: *Puzzle (569)* ::::: ::::: *Puzzle (570)* ::::: ::::: *Puzzle (571)* ::::: ::::: *Puzzle (572)* :::::

::::: *Puzzle (573)* ::::: ::::: *Puzzle (574)* ::::: ::::: *Puzzle (575)* ::::: ::::: *Puzzle (576)* :::::

::::: *Puzzle (577)* ::::: ::::: *Puzzle (578)* ::::: ::::: *Puzzle (579)* ::::: ::::: *Puzzle (580)* :::::

::::: *Puzzle (581)* ::::: ::::: *Puzzle (582)* ::::: ::::: *Puzzle (583)* ::::: ::::: *Puzzle (584)* :::::

::::: *Puzzle (585)* ::::: ::::: *Puzzle (586)* ::::: ::::: *Puzzle (587)* ::::: ::::: *Puzzle (588)* :::::

::::: *Puzzle (589)* ::::: ::::: *Puzzle (590)* ::::: ::::: *Puzzle (591)* ::::: ::::: *Puzzle (592)* :::::

::::: *Puzzle (593)* ::::: ::::: *Puzzle (594)* ::::: ::::: *Puzzle (595)* ::::: ::::: *Puzzle (596)* :::::

::::: *Puzzle (597)* ::::: ::::: *Puzzle (598)* ::::: ::::: *Puzzle (599)* ::::: ::::: *Puzzle (600)* :::::

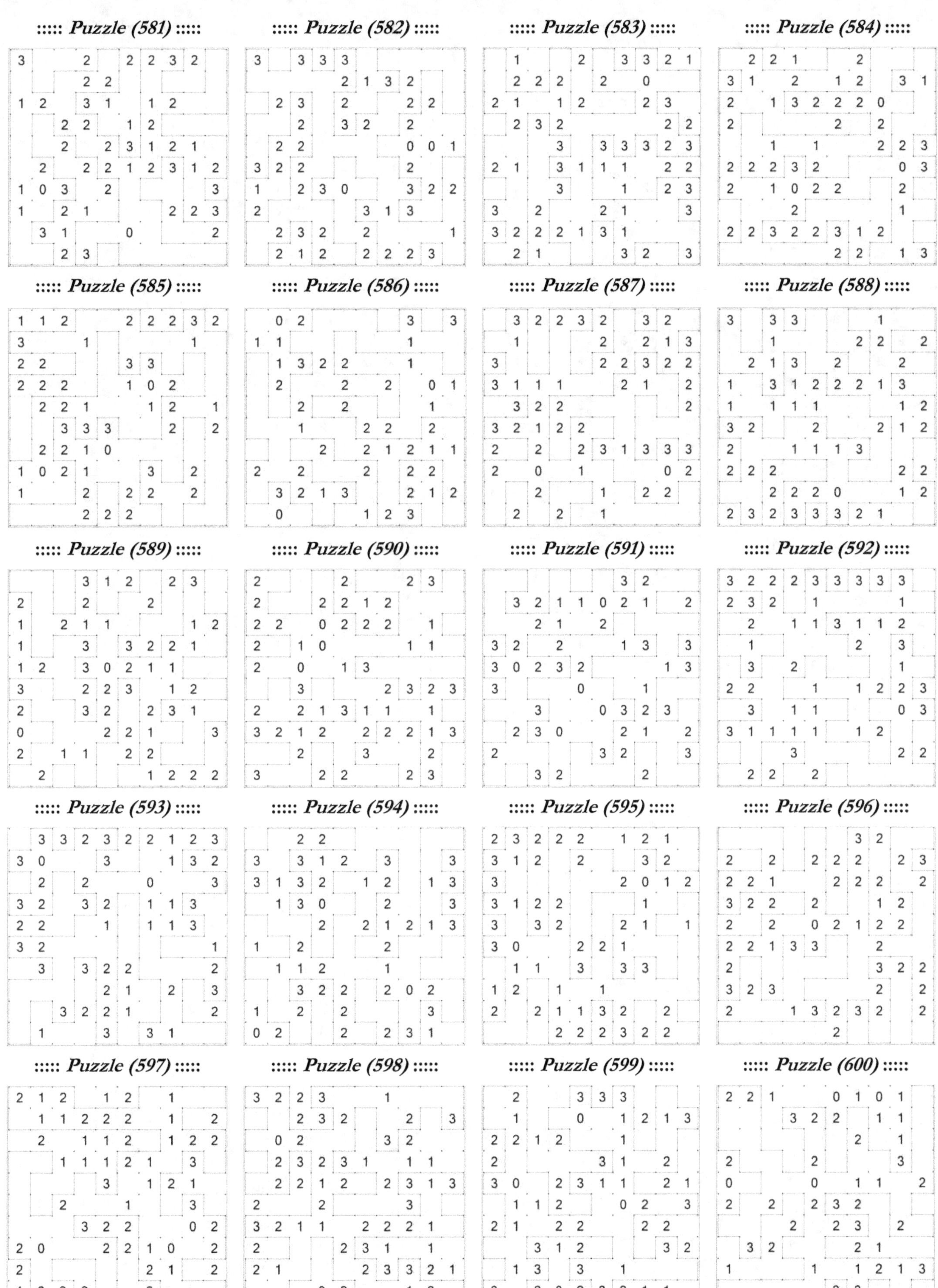

::::: *Puzzle (601)* ::::: ::::: *Puzzle (602)* ::::: ::::: *Puzzle (603)* ::::: ::::: *Puzzle (604)* :::::

::::: *Puzzle (605)* ::::: ::::: *Puzzle (606)* ::::: ::::: *Puzzle (607)* ::::: ::::: *Puzzle (608)* :::::

::::: *Puzzle (609)* ::::: ::::: *Puzzle (610)* ::::: ::::: *Puzzle (611)* ::::: ::::: *Puzzle (612)* :::::

::::: *Puzzle (613)* ::::: ::::: *Puzzle (614)* ::::: ::::: *Puzzle (615)* ::::: ::::: *Puzzle (616)* :::::

::::: *Puzzle (617)* ::::: ::::: *Puzzle (618)* ::::: ::::: *Puzzle (619)* ::::: ::::: *Puzzle (620)* :::::

::::: *Puzzle (621)* :::::	::::: *Puzzle (622)* :::::	::::: *Puzzle (623)* :::::	::::: *Puzzle (624)* :::::
::::: *Puzzle (625)* :::::	::::: *Puzzle (626)* :::::	::::: *Puzzle (627)* :::::	::::: *Puzzle (628)* :::::
::::: *Puzzle (629)* :::::	::::: *Puzzle (630)* :::::	::::: *Puzzle (631)* :::::	::::: *Puzzle (632)* :::::
::::: *Puzzle (633)* :::::	::::: *Puzzle (634)* :::::	::::: *Puzzle (635)* :::::	::::: *Puzzle (636)* :::::
::::: *Puzzle (637)* :::::	::::: *Puzzle (638)* :::::	::::: *Puzzle (639)* :::::	::::: *Puzzle (640)* :::::

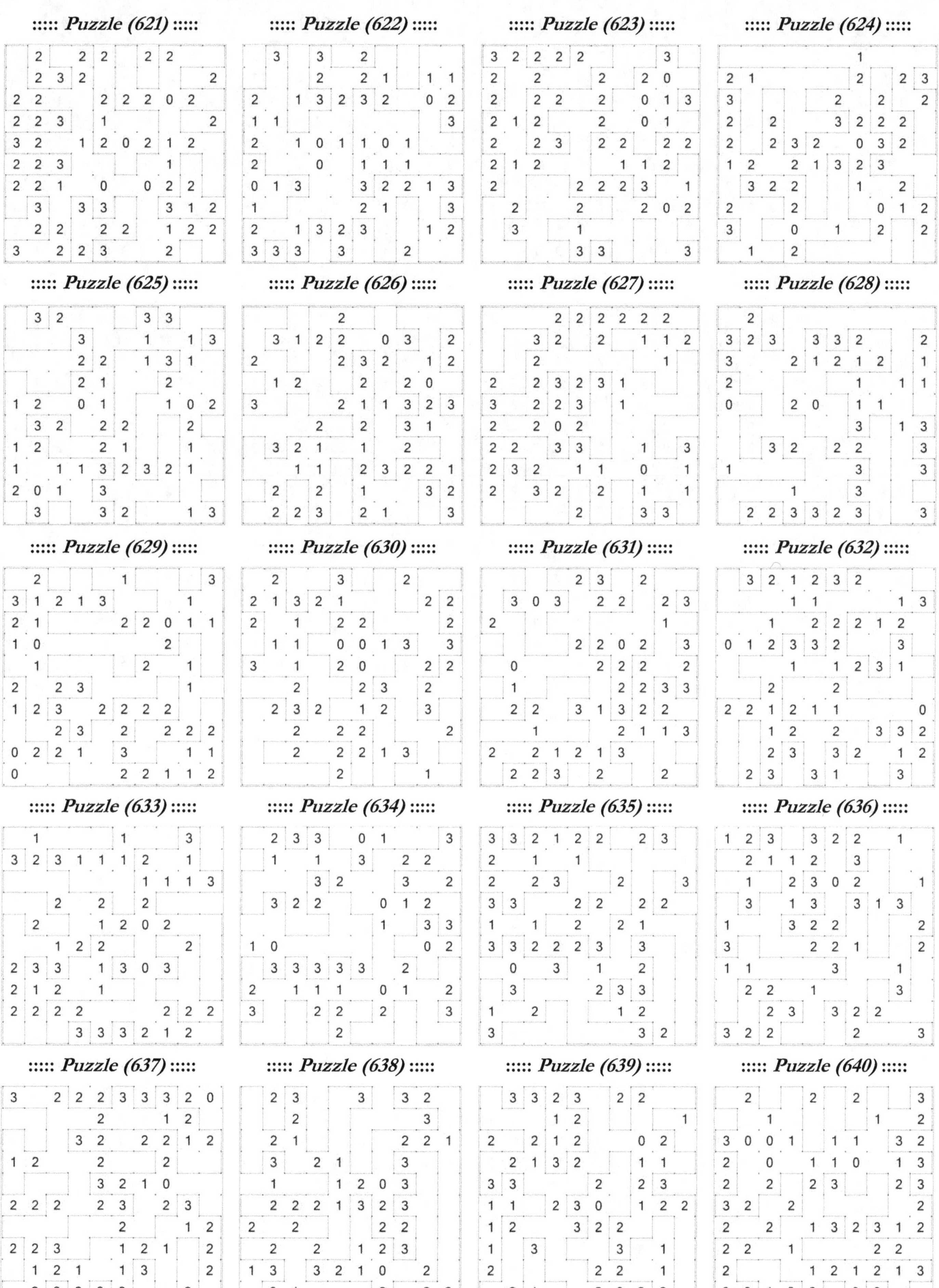

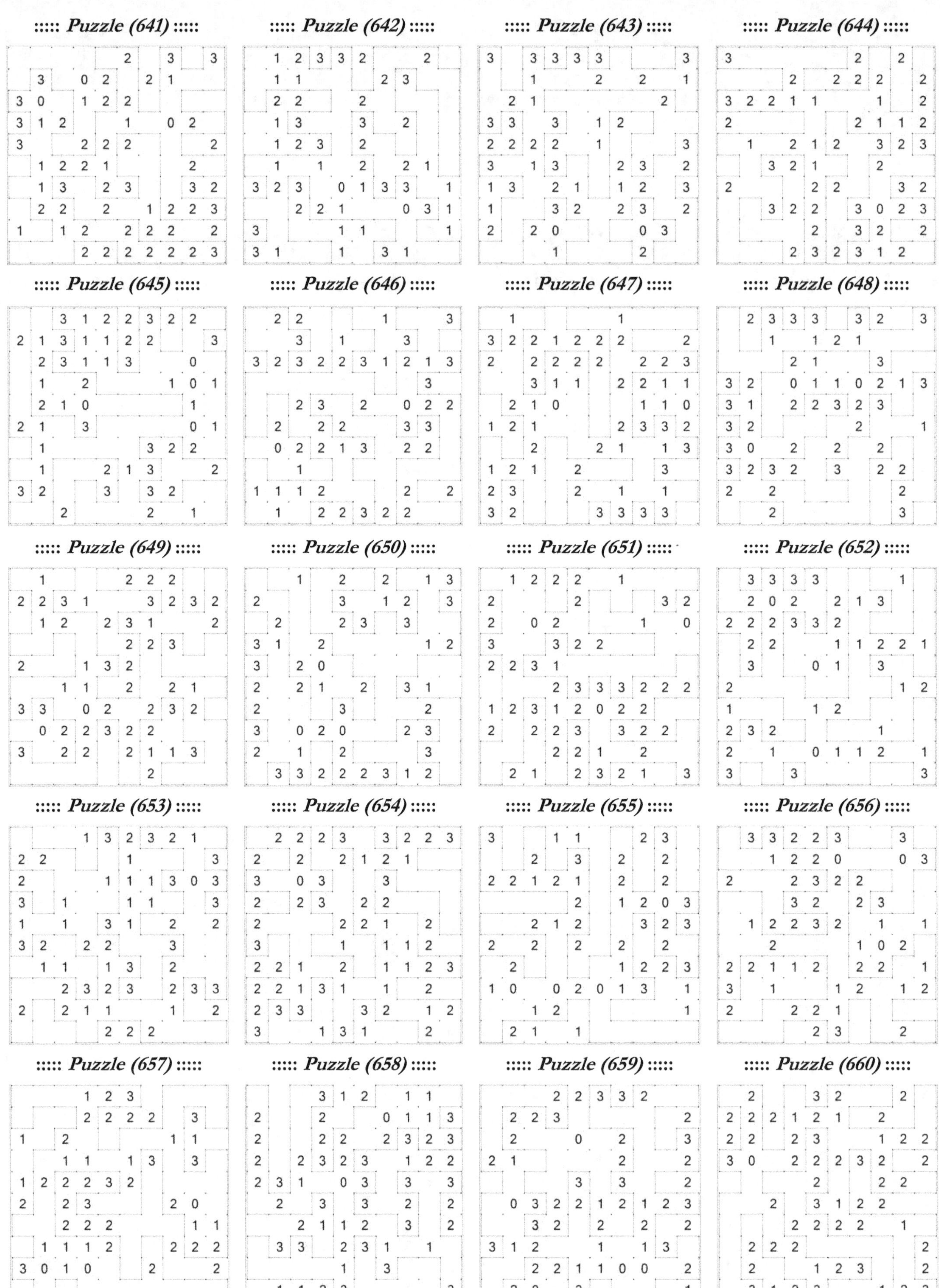

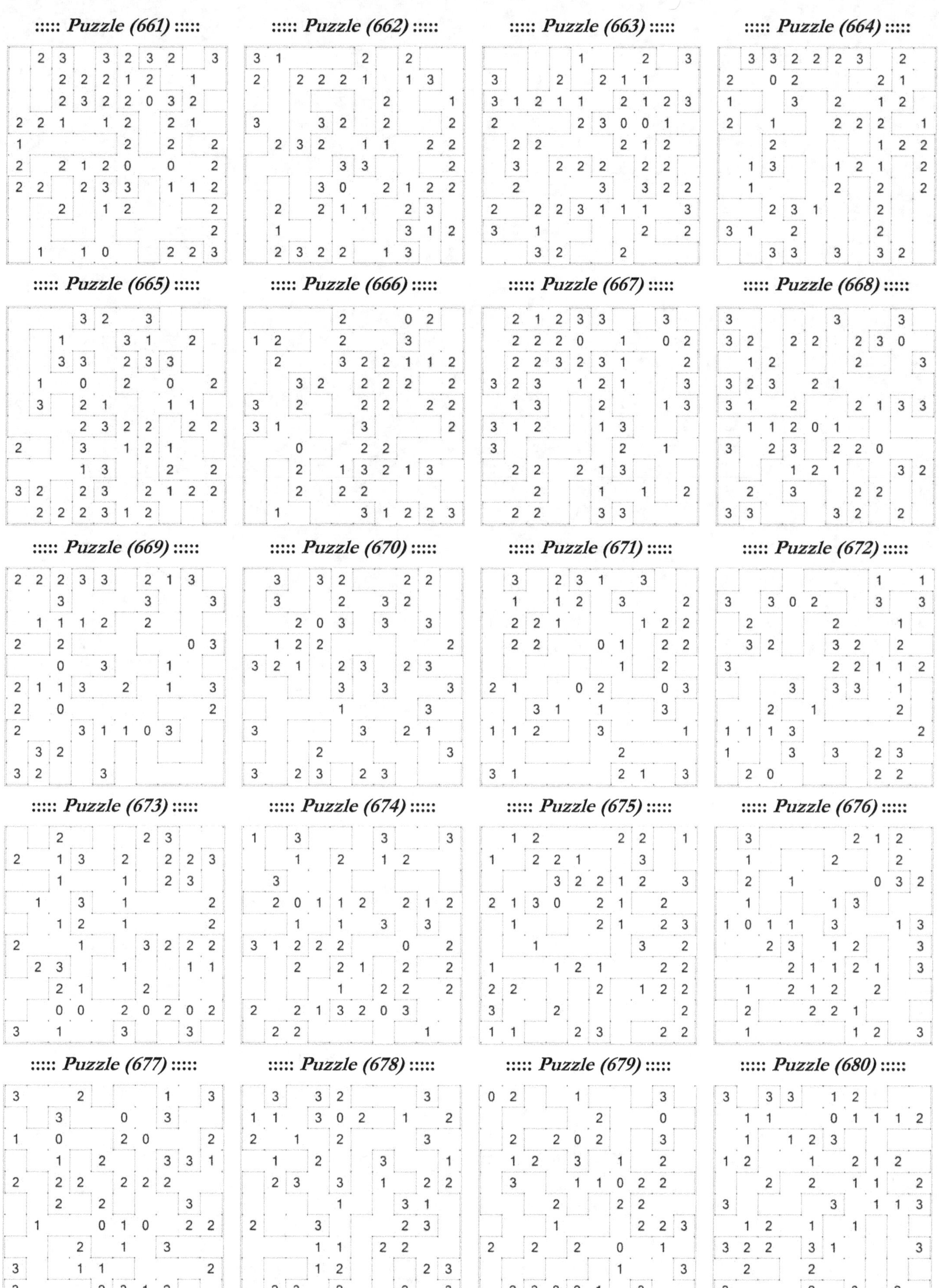

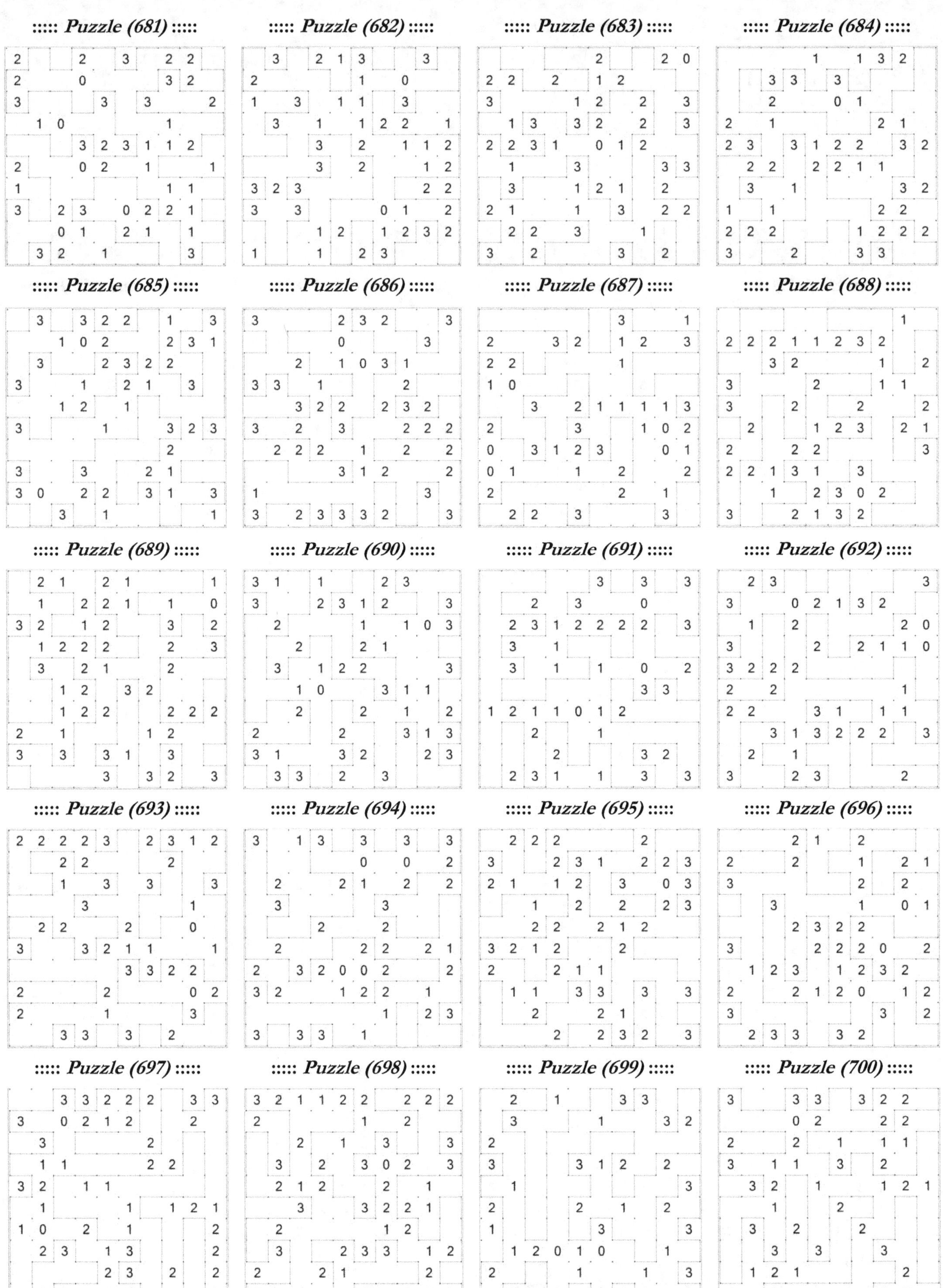

::::: *Puzzle (681)* :::::　::::: *Puzzle (682)* :::::　::::: *Puzzle (683)* :::::　::::: *Puzzle (684)* :::::

::::: *Puzzle (685)* :::::　::::: *Puzzle (686)* :::::　::::: *Puzzle (687)* :::::　::::: *Puzzle (688)* :::::

::::: *Puzzle (689)* :::::　::::: *Puzzle (690)* :::::　::::: *Puzzle (691)* :::::　::::: *Puzzle (692)* :::::

::::: *Puzzle (693)* :::::　::::: *Puzzle (694)* :::::　::::: *Puzzle (695)* :::::　::::: *Puzzle (696)* :::::

::::: *Puzzle (697)* :::::　::::: *Puzzle (698)* :::::　::::: *Puzzle (699)* :::::　::::: *Puzzle (700)* :::::

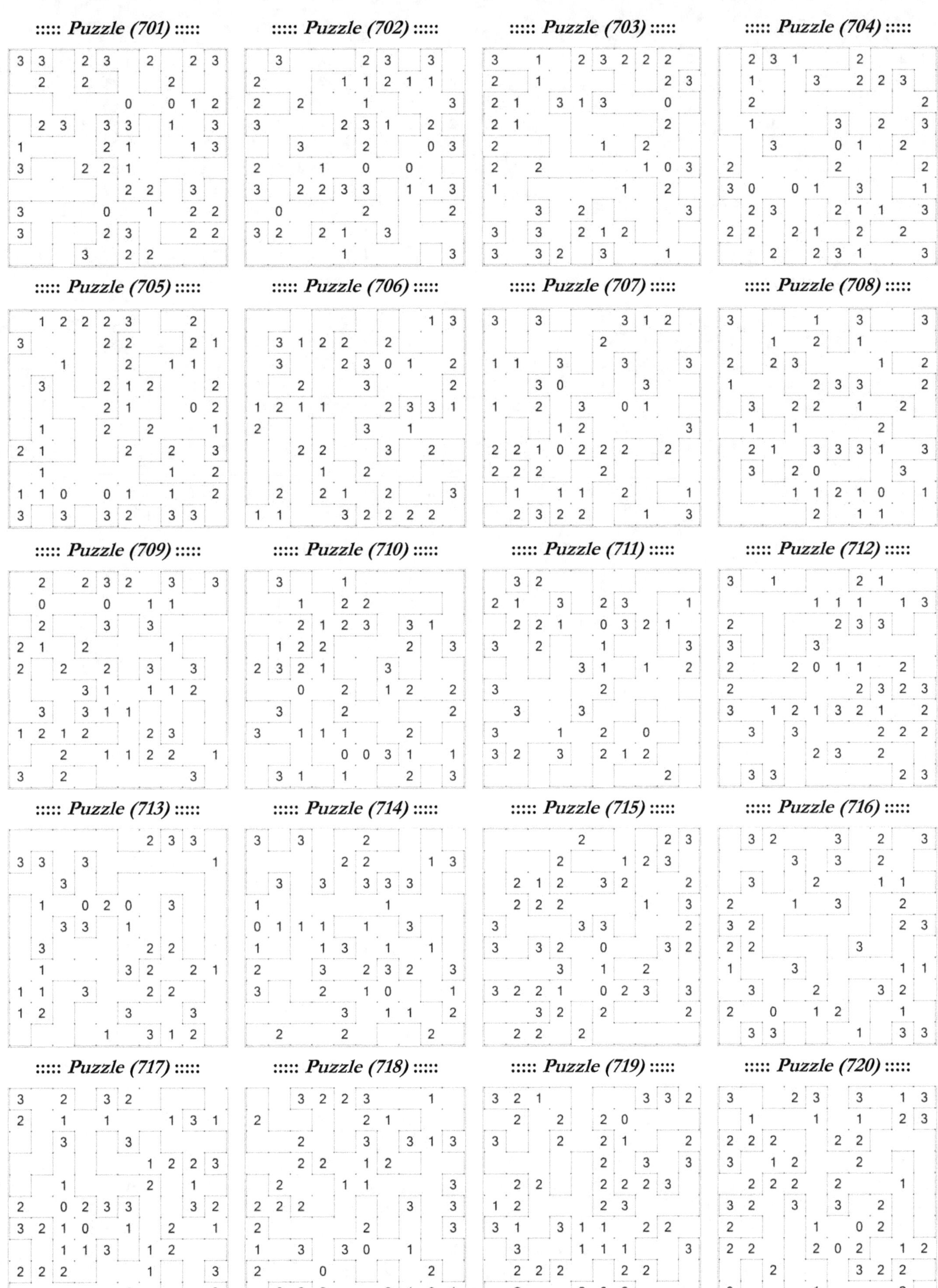

::::: *Puzzle (721)* ::::: ::::: *Puzzle (722)* ::::: ::::: *Puzzle (723)* ::::: ::::: *Puzzle (724)* :::::

::::: *Puzzle (725)* ::::: ::::: *Puzzle (726)* ::::: ::::: *Puzzle (727)* ::::: ::::: *Puzzle (728)* :::::

::::: *Puzzle (729)* ::::: ::::: *Puzzle (730)* ::::: ::::: *Puzzle (731)* ::::: ::::: *Puzzle (732)* :::::

::::: *Puzzle (733)* ::::: ::::: *Puzzle (734)* ::::: ::::: *Puzzle (735)* ::::: ::::: *Puzzle (736)* :::::

::::: *Puzzle (737)* ::::: ::::: *Puzzle (738)* ::::: ::::: *Puzzle (739)* ::::: ::::: *Puzzle (740)* :::::

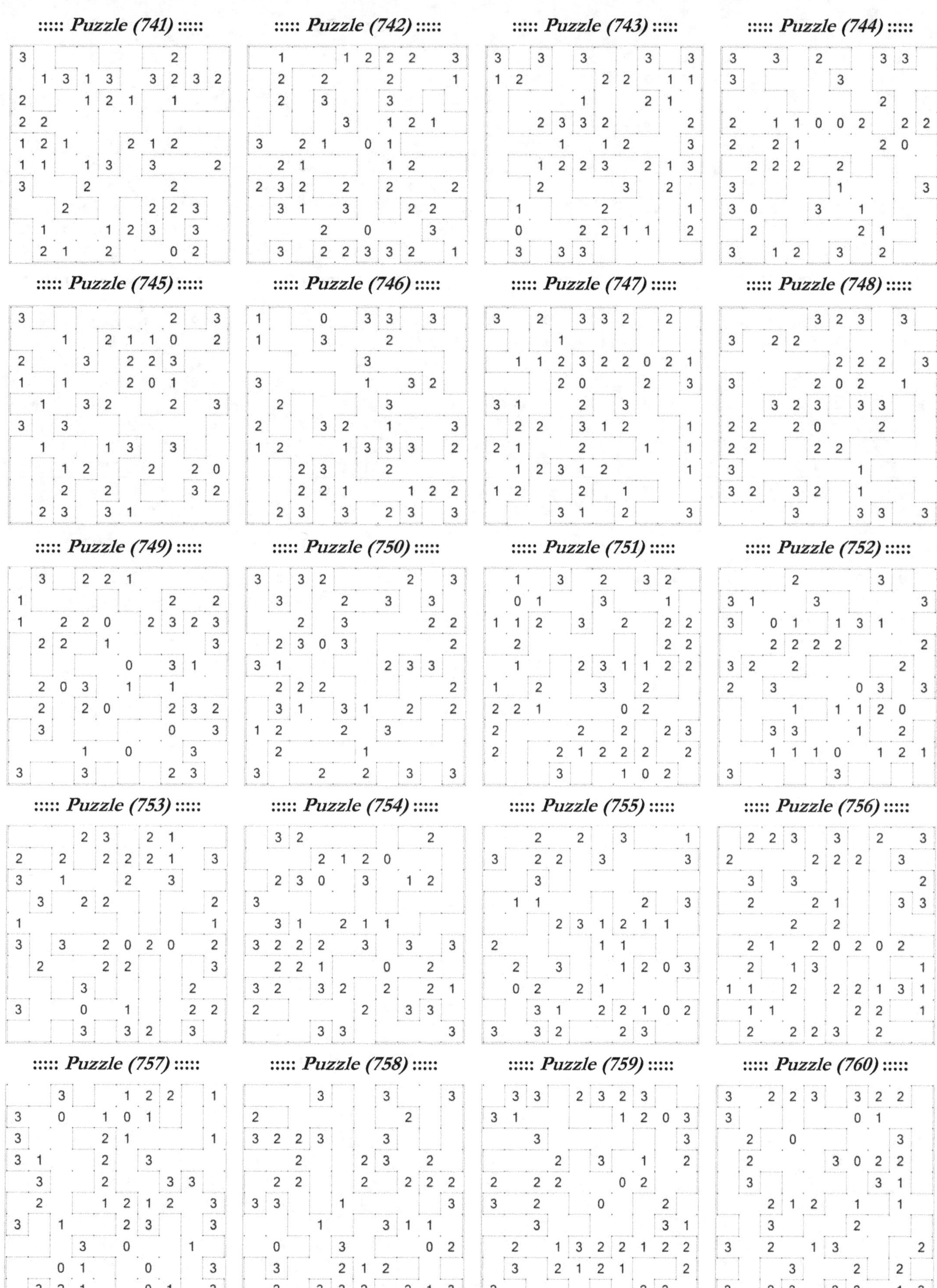

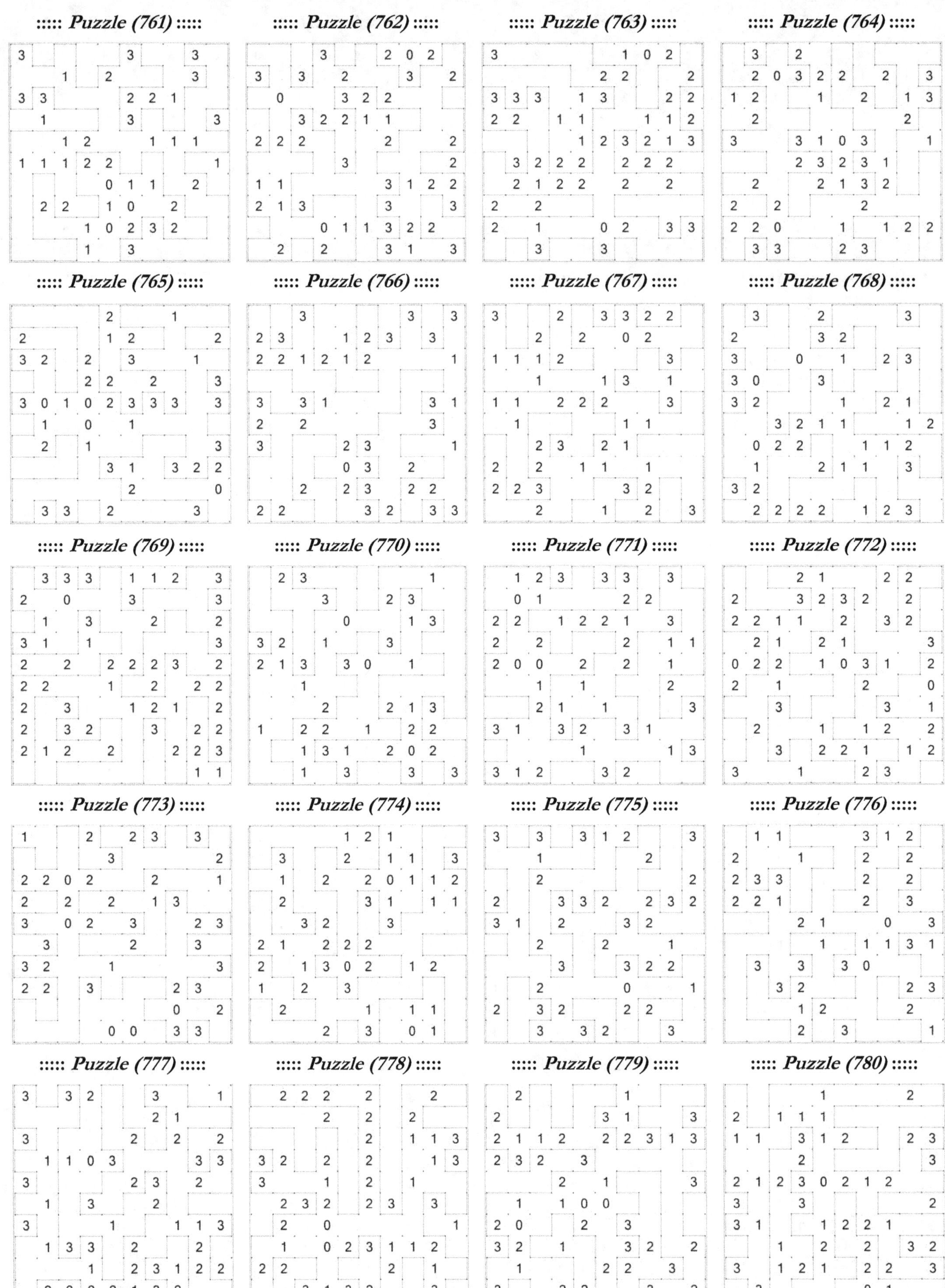

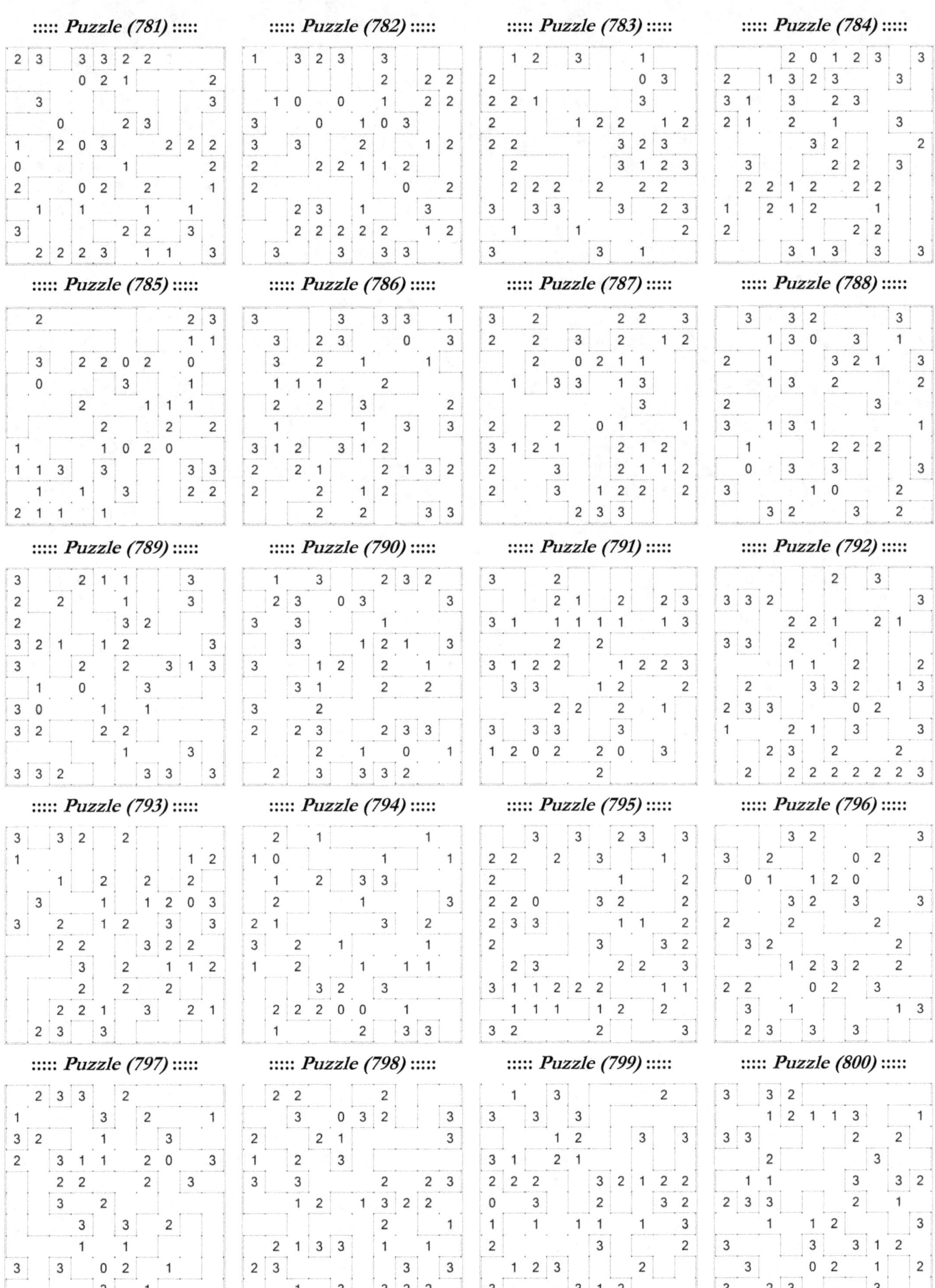

::::: *Puzzle (781)* ::::: ::::: *Puzzle (782)* ::::: ::::: *Puzzle (783)* ::::: ::::: *Puzzle (784)* :::::

::::: *Puzzle (785)* ::::: ::::: *Puzzle (786)* ::::: ::::: *Puzzle (787)* ::::: ::::: *Puzzle (788)* :::::

::::: *Puzzle (789)* ::::: ::::: *Puzzle (790)* ::::: ::::: *Puzzle (791)* ::::: ::::: *Puzzle (792)* :::::

::::: *Puzzle (793)* ::::: ::::: *Puzzle (794)* ::::: ::::: *Puzzle (795)* ::::: ::::: *Puzzle (796)* :::::

::::: *Puzzle (797)* ::::: ::::: *Puzzle (798)* ::::: ::::: *Puzzle (799)* ::::: ::::: *Puzzle (800)* :::::

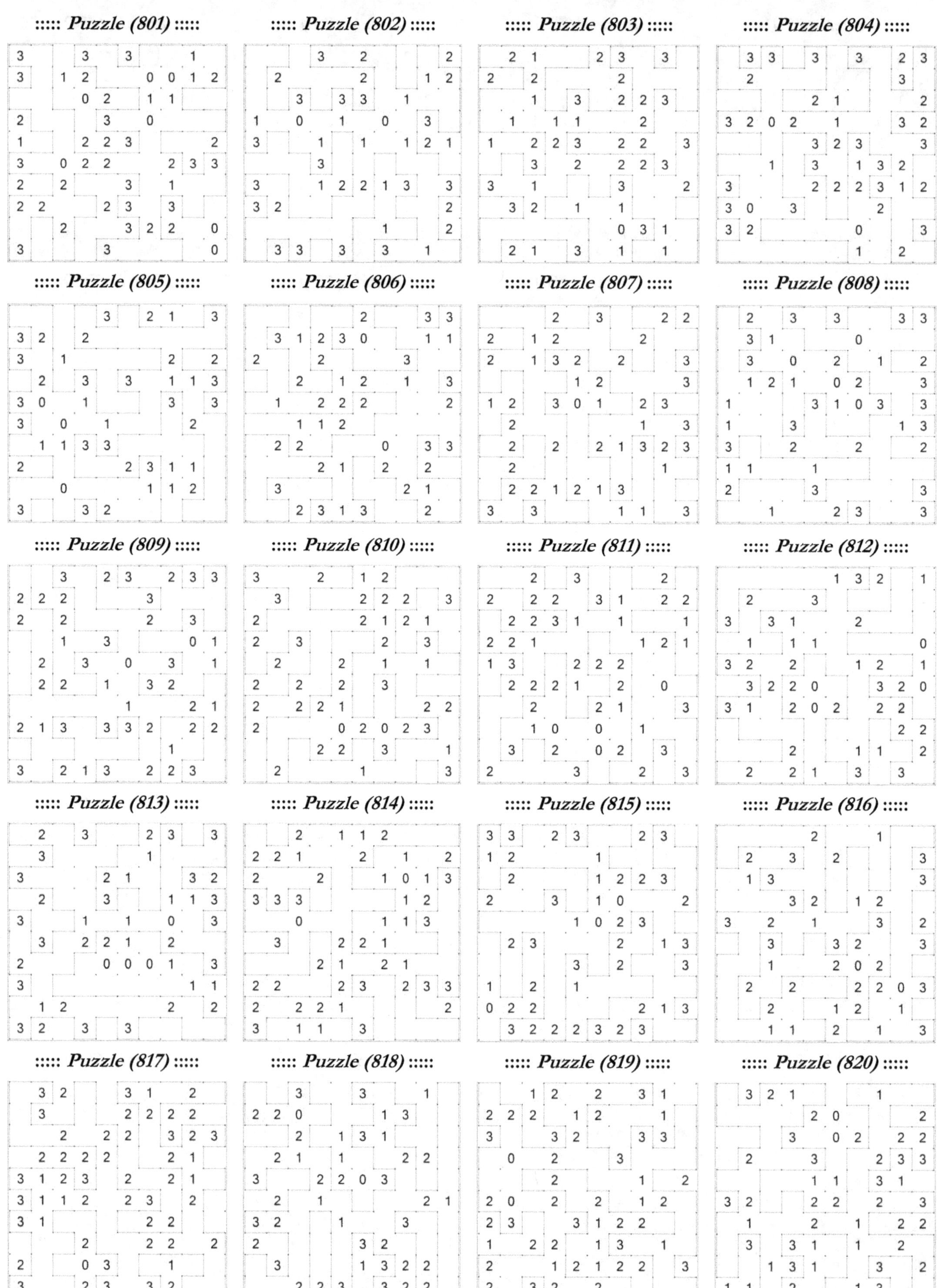

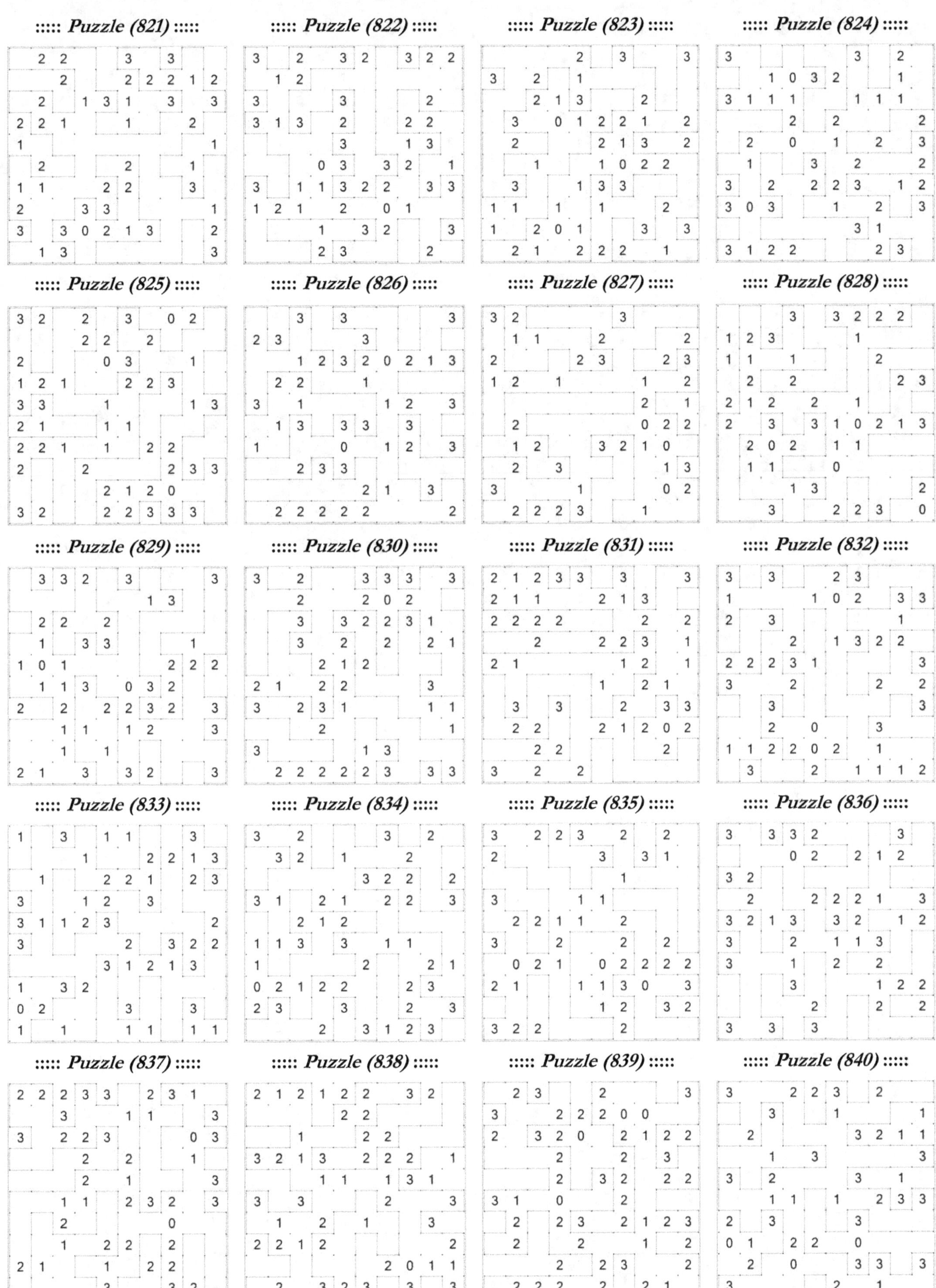

::::: *Puzzle (821)* ::::: ::::: *Puzzle (822)* ::::: ::::: *Puzzle (823)* ::::: ::::: *Puzzle (824)* :::::

::::: *Puzzle (825)* ::::: ::::: *Puzzle (826)* ::::: ::::: *Puzzle (827)* ::::: ::::: *Puzzle (828)* :::::

::::: *Puzzle (829)* ::::: ::::: *Puzzle (830)* ::::: ::::: *Puzzle (831)* ::::: ::::: *Puzzle (832)* :::::

::::: *Puzzle (833)* ::::: ::::: *Puzzle (834)* ::::: ::::: *Puzzle (835)* ::::: ::::: *Puzzle (836)* :::::

::::: *Puzzle (837)* ::::: ::::: *Puzzle (838)* ::::: ::::: *Puzzle (839)* ::::: ::::: *Puzzle (840)* :::::

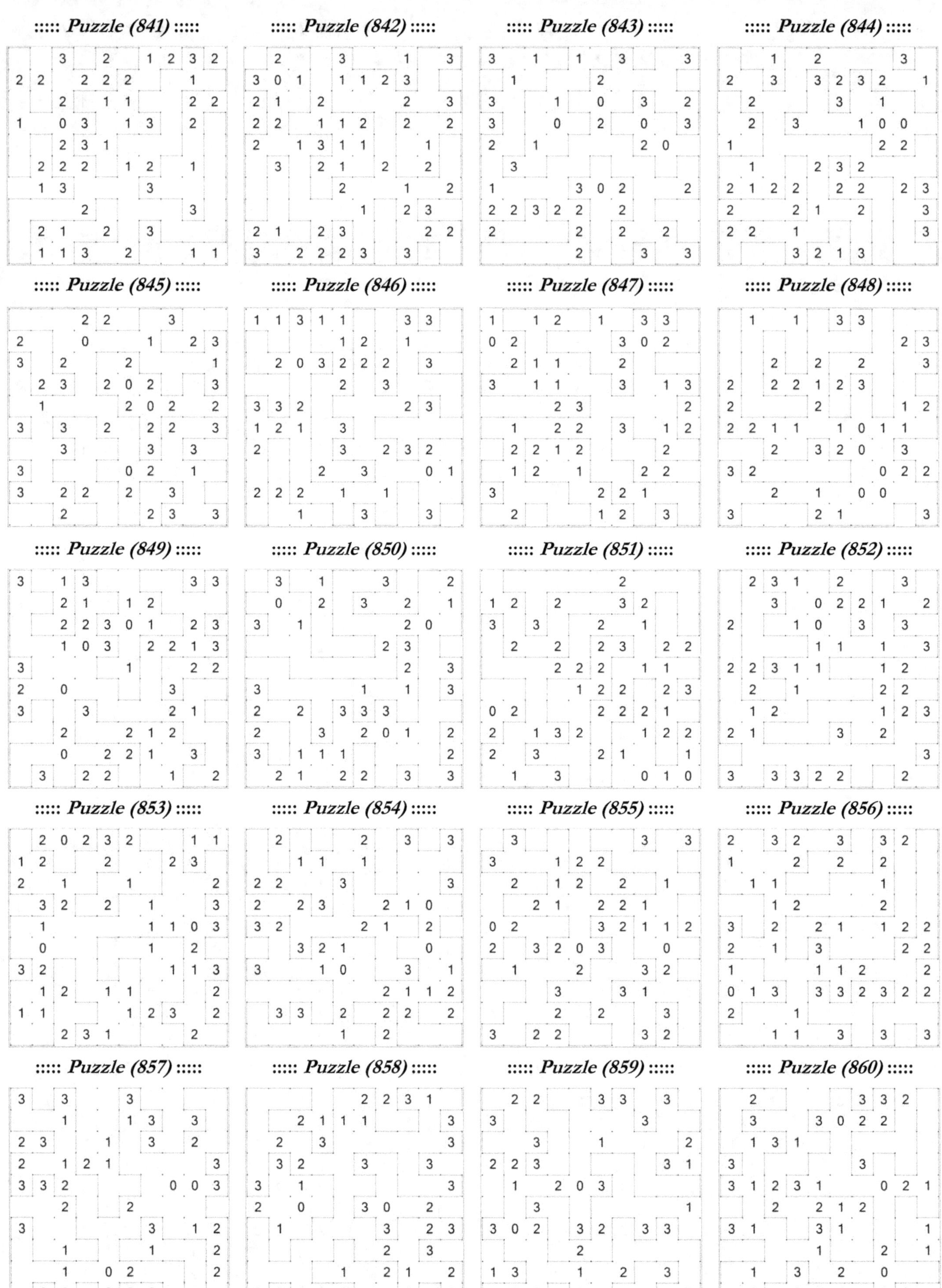

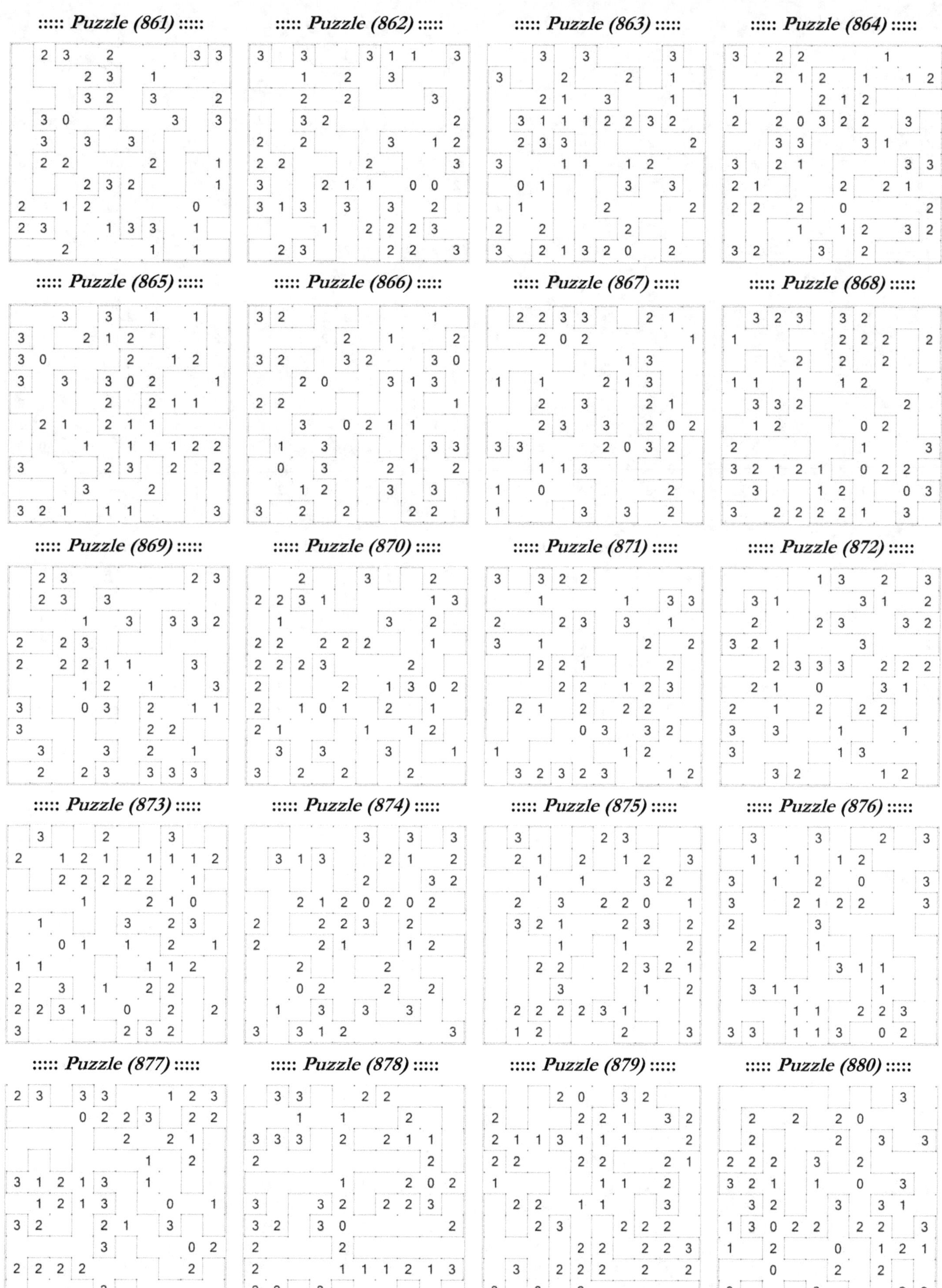

::::: Puzzle (861) :::::   ::::: Puzzle (862) :::::   ::::: Puzzle (863) :::::   ::::: Puzzle (864) :::::
::::: Puzzle (865) :::::   ::::: Puzzle (866) :::::   ::::: Puzzle (867) :::::   ::::: Puzzle (868) :::::
::::: Puzzle (869) :::::   ::::: Puzzle (870) :::::   ::::: Puzzle (871) :::::   ::::: Puzzle (872) :::::
::::: Puzzle (873) :::::   ::::: Puzzle (874) :::::   ::::: Puzzle (875) :::::   ::::: Puzzle (876) :::::
::::: Puzzle (877) :::::   ::::: Puzzle (878) :::::   ::::: Puzzle (879) :::::   ::::: Puzzle (880) :::::

::::: Puzzle (881) :::::   ::::: Puzzle (882) :::::   ::::: Puzzle (883) :::::   ::::: Puzzle (884) :::::
::::: Puzzle (885) :::::   ::::: Puzzle (886) :::::   ::::: Puzzle (887) :::::   ::::: Puzzle (888) :::::
::::: Puzzle (889) :::::   ::::: Puzzle (890) :::::   ::::: Puzzle (891) :::::   ::::: Puzzle (892) :::::
::::: Puzzle (893) :::::   ::::: Puzzle (894) :::::   ::::: Puzzle (895) :::::   ::::: Puzzle (896) :::::
::::: Puzzle (897) :::::   ::::: Puzzle (898) :::::   ::::: Puzzle (899) :::::   ::::: Puzzle (900) :::::

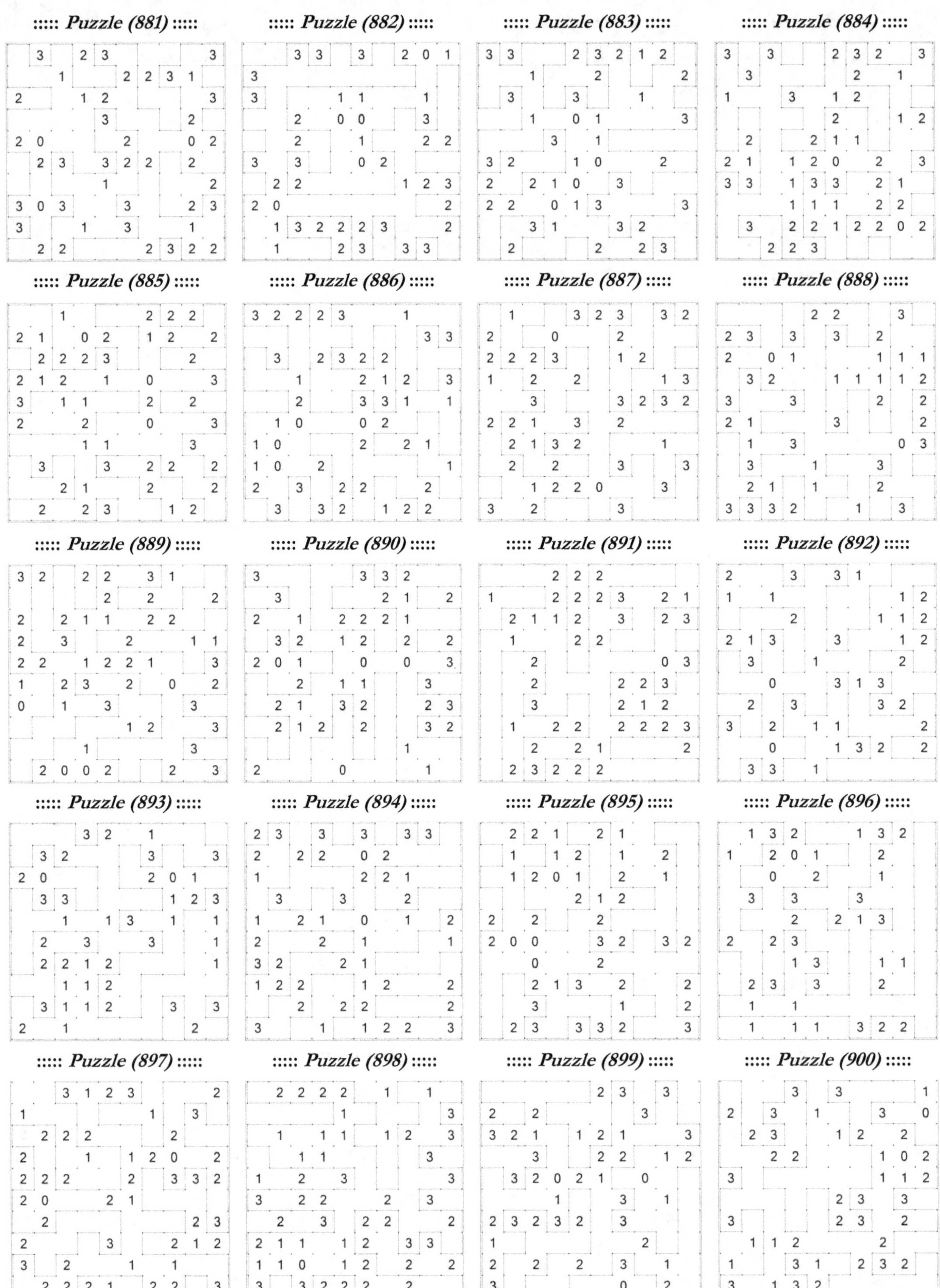

::::: *Puzzle (901)* ::::: ::::: *Puzzle (902)* ::::: ::::: *Puzzle (903)* ::::: ::::: *Puzzle (904)* :::::

::::: *Puzzle (905)* ::::: ::::: *Puzzle (906)* ::::: ::::: *Puzzle (907)* ::::: ::::: *Puzzle (908)* :::::

::::: *Puzzle (909)* ::::: ::::: *Puzzle (910)* ::::: ::::: *Puzzle (911)* ::::: ::::: *Puzzle (912)* :::::

::::: *Puzzle (913)* ::::: ::::: *Puzzle (914)* ::::: ::::: *Puzzle (915)* ::::: ::::: *Puzzle (916)* :::::

::::: *Puzzle (917)* ::::: ::::: *Puzzle (918)* ::::: ::::: *Puzzle (919)* ::::: ::::: *Puzzle (920)* :::::

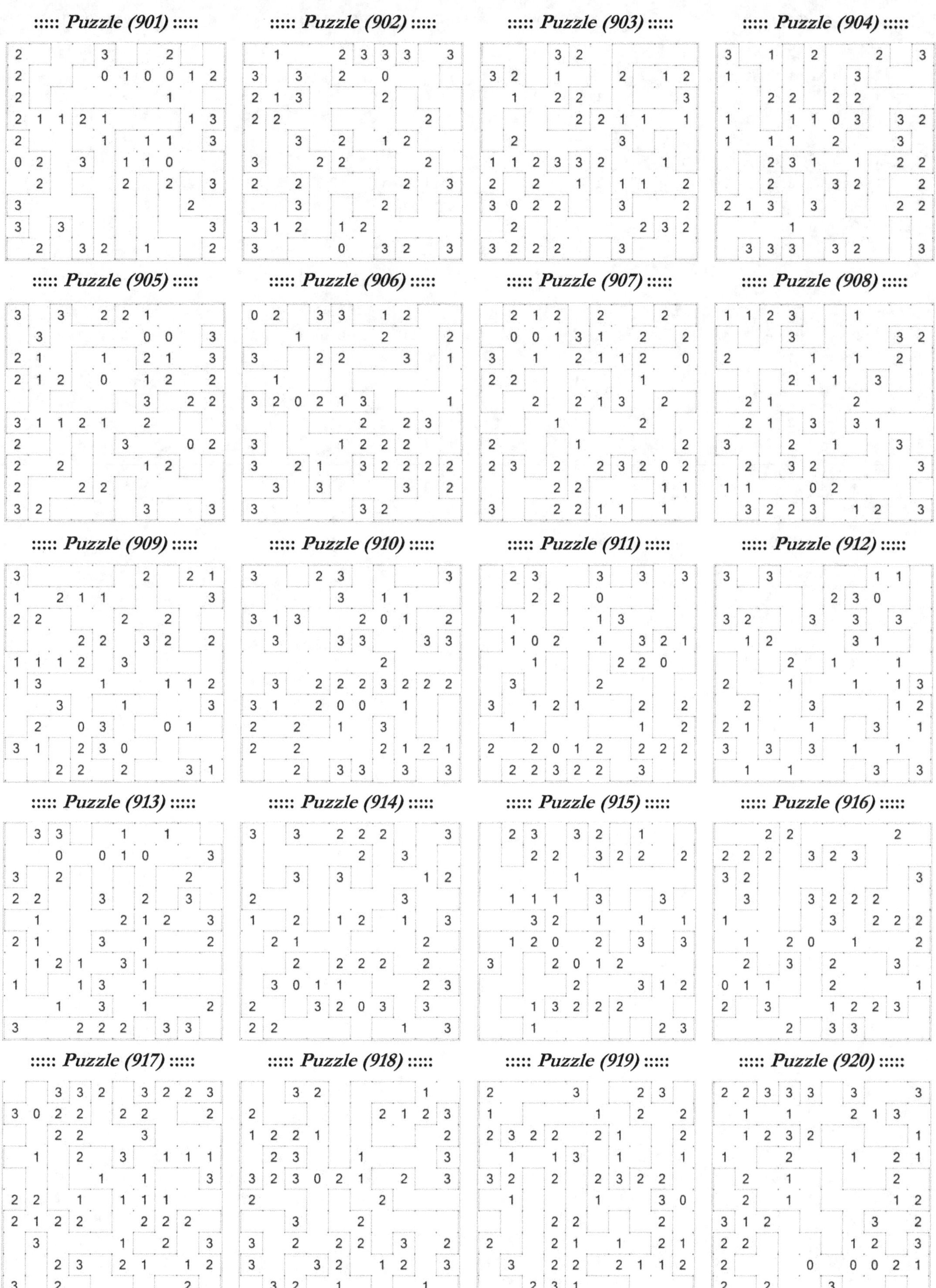

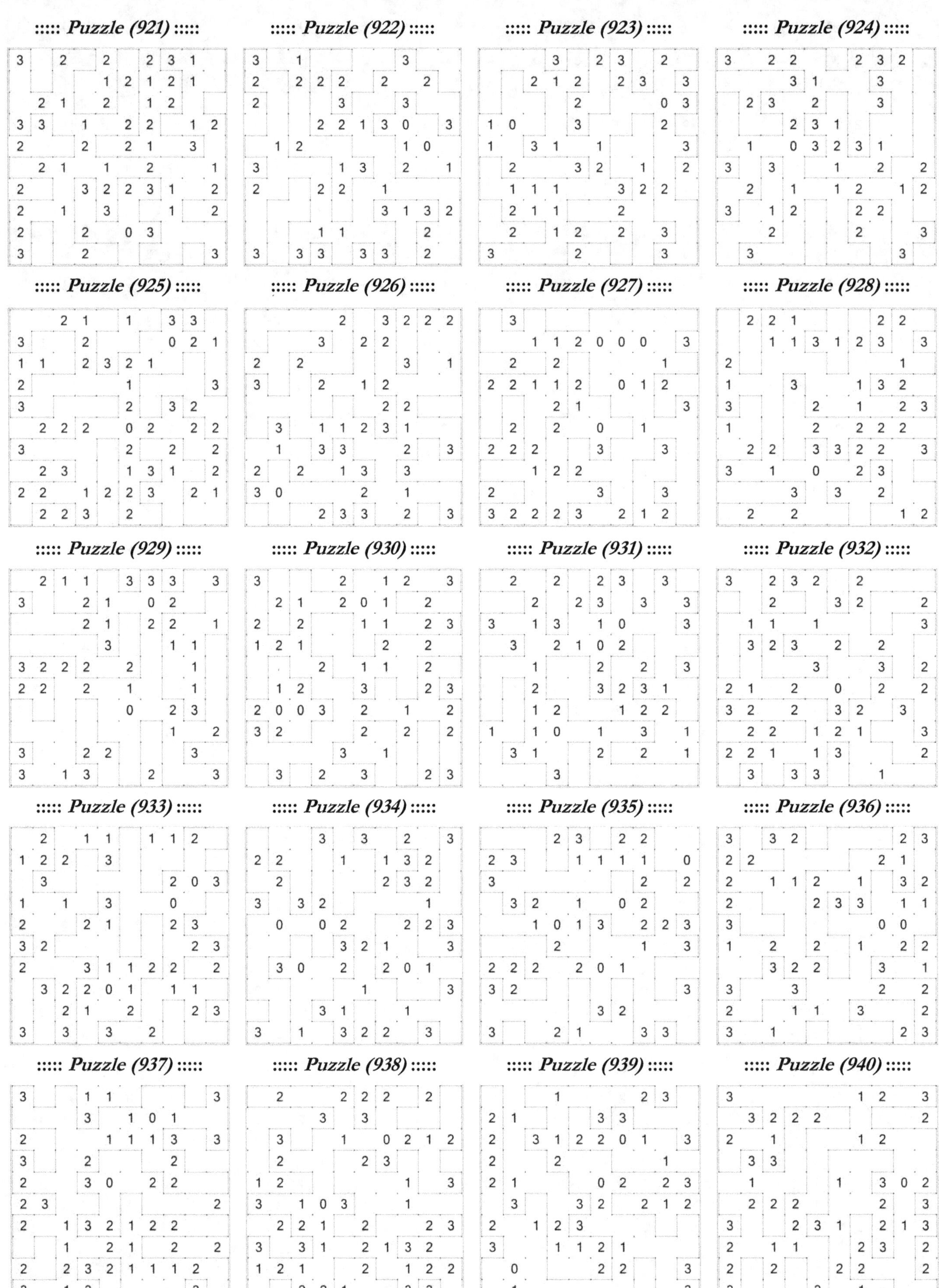

::::: Puzzle (921) :::::
::::: Puzzle (922) :::::
::::: Puzzle (923) :::::
::::: Puzzle (924) :::::
::::: Puzzle (925) :::::
::::: Puzzle (926) :::::
::::: Puzzle (927) :::::
::::: Puzzle (928) :::::
::::: Puzzle (929) :::::
::::: Puzzle (930) :::::
::::: Puzzle (931) :::::
::::: Puzzle (932) :::::
::::: Puzzle (933) :::::
::::: Puzzle (934) :::::
::::: Puzzle (935) :::::
::::: Puzzle (936) :::::
::::: Puzzle (937) :::::
::::: Puzzle (938) :::::
::::: Puzzle (939) :::::
::::: Puzzle (940) :::::

::::: *Puzzle (941)* ::::: ::::: *Puzzle (942)* ::::: ::::: *Puzzle (943)* ::::: ::::: *Puzzle (944)* :::::

::::: *Puzzle (945)* ::::: ::::: *Puzzle (946)* ::::: ::::: *Puzzle (947)* ::::: ::::: *Puzzle (948)* :::::

::::: *Puzzle (949)* ::::: ::::: *Puzzle (950)* ::::: ::::: *Puzzle (951)* ::::: ::::: *Puzzle (952)* :::::

::::: *Puzzle (953)* ::::: ::::: *Puzzle (954)* ::::: ::::: *Puzzle (955)* ::::: ::::: *Puzzle (956)* :::::

::::: *Puzzle (957)* ::::: ::::: *Puzzle (958)* ::::: ::::: *Puzzle (959)* ::::: ::::: *Puzzle (960)* :::::

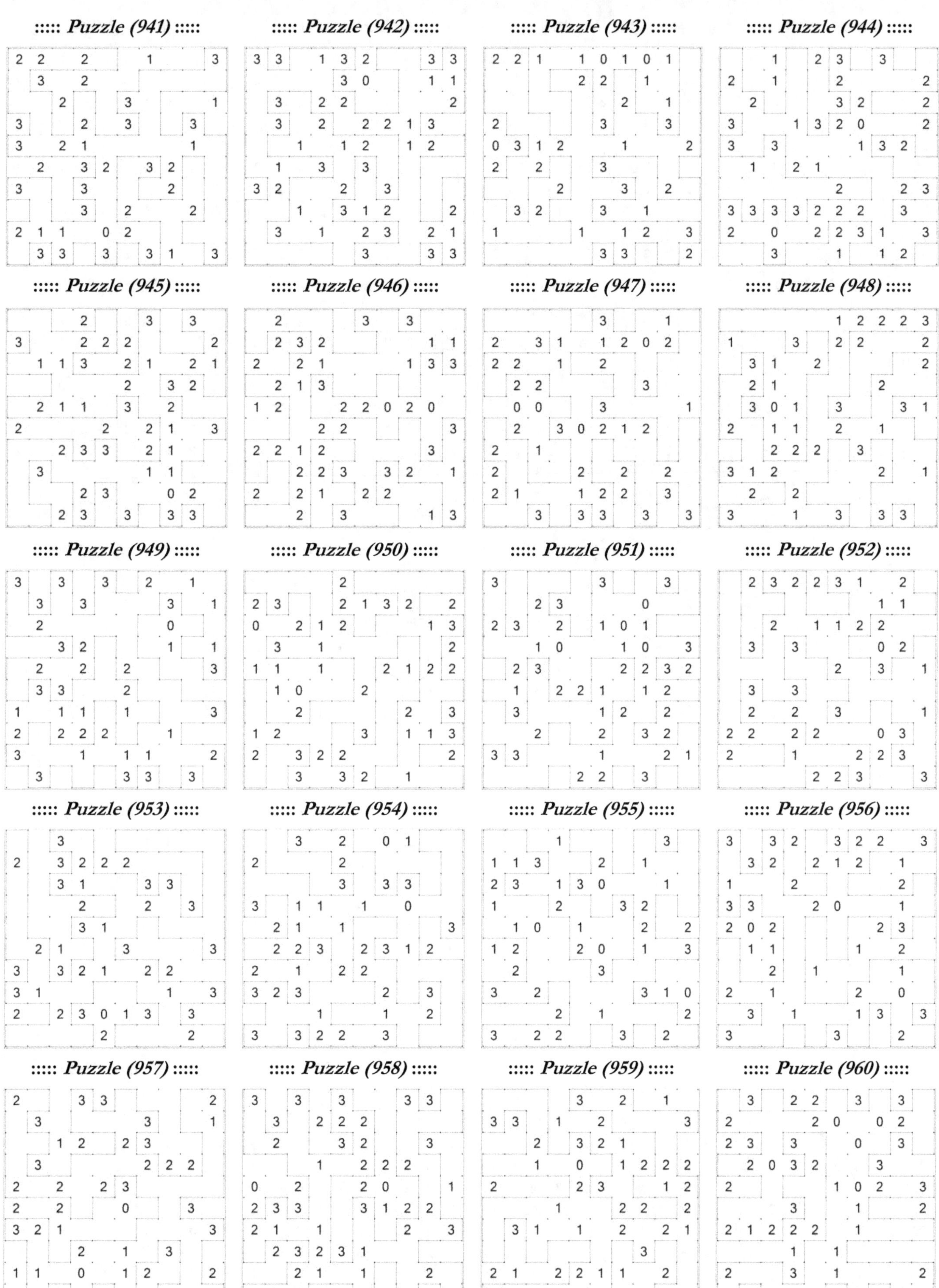

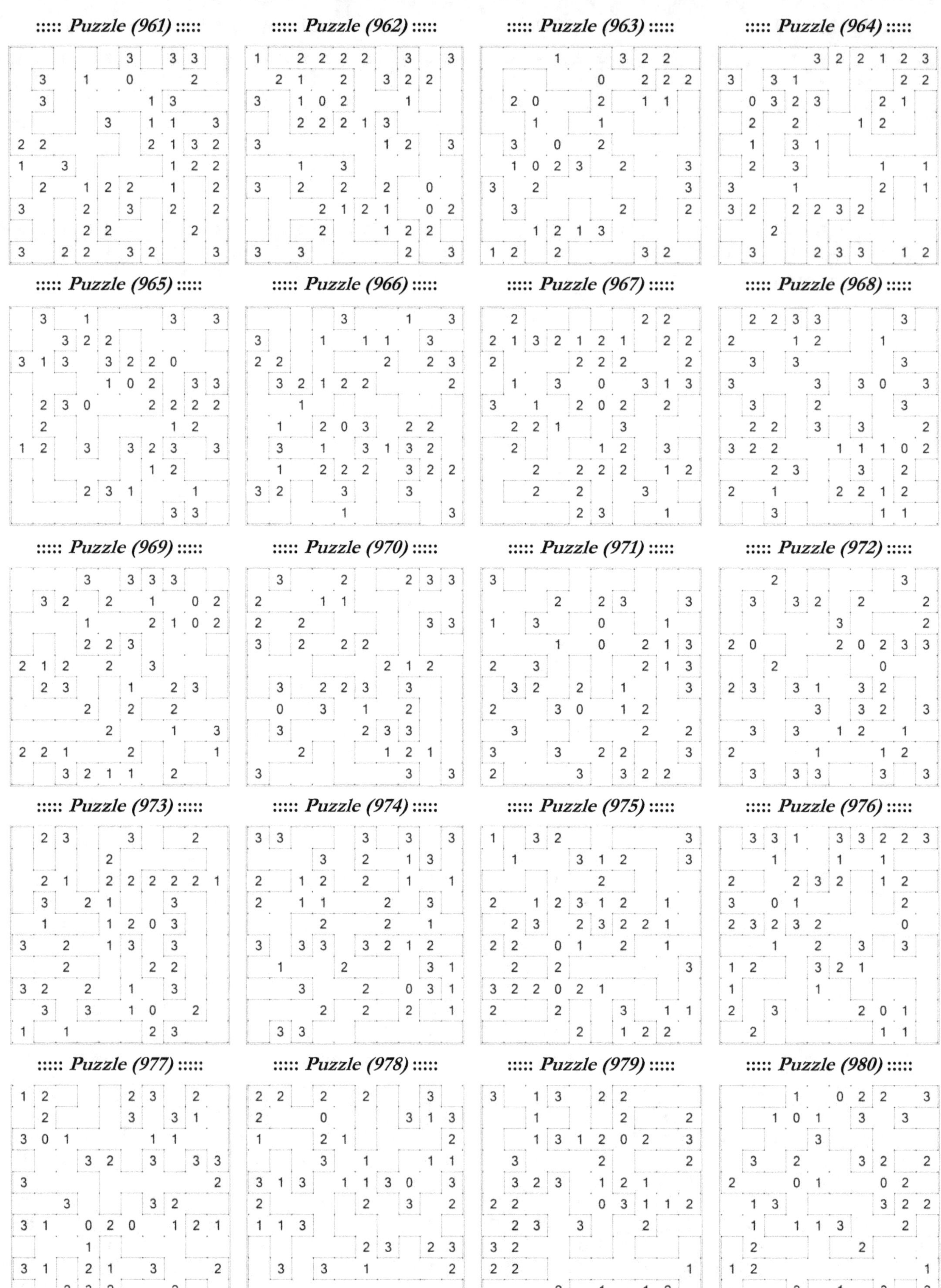

::::: *Puzzle (961)* ::::: ::::: *Puzzle (962)* ::::: ::::: *Puzzle (963)* ::::: ::::: *Puzzle (964)* :::::

::::: *Puzzle (965)* ::::: ::::: *Puzzle (966)* ::::: ::::: *Puzzle (967)* ::::: ::::: *Puzzle (968)* :::::

::::: *Puzzle (969)* ::::: ::::: *Puzzle (970)* ::::: ::::: *Puzzle (971)* ::::: ::::: *Puzzle (972)* :::::

::::: *Puzzle (973)* ::::: ::::: *Puzzle (974)* ::::: ::::: *Puzzle (975)* ::::: ::::: *Puzzle (976)* :::::

::::: *Puzzle (977)* ::::: ::::: *Puzzle (978)* ::::: ::::: *Puzzle (979)* ::::: ::::: *Puzzle (980)* :::::

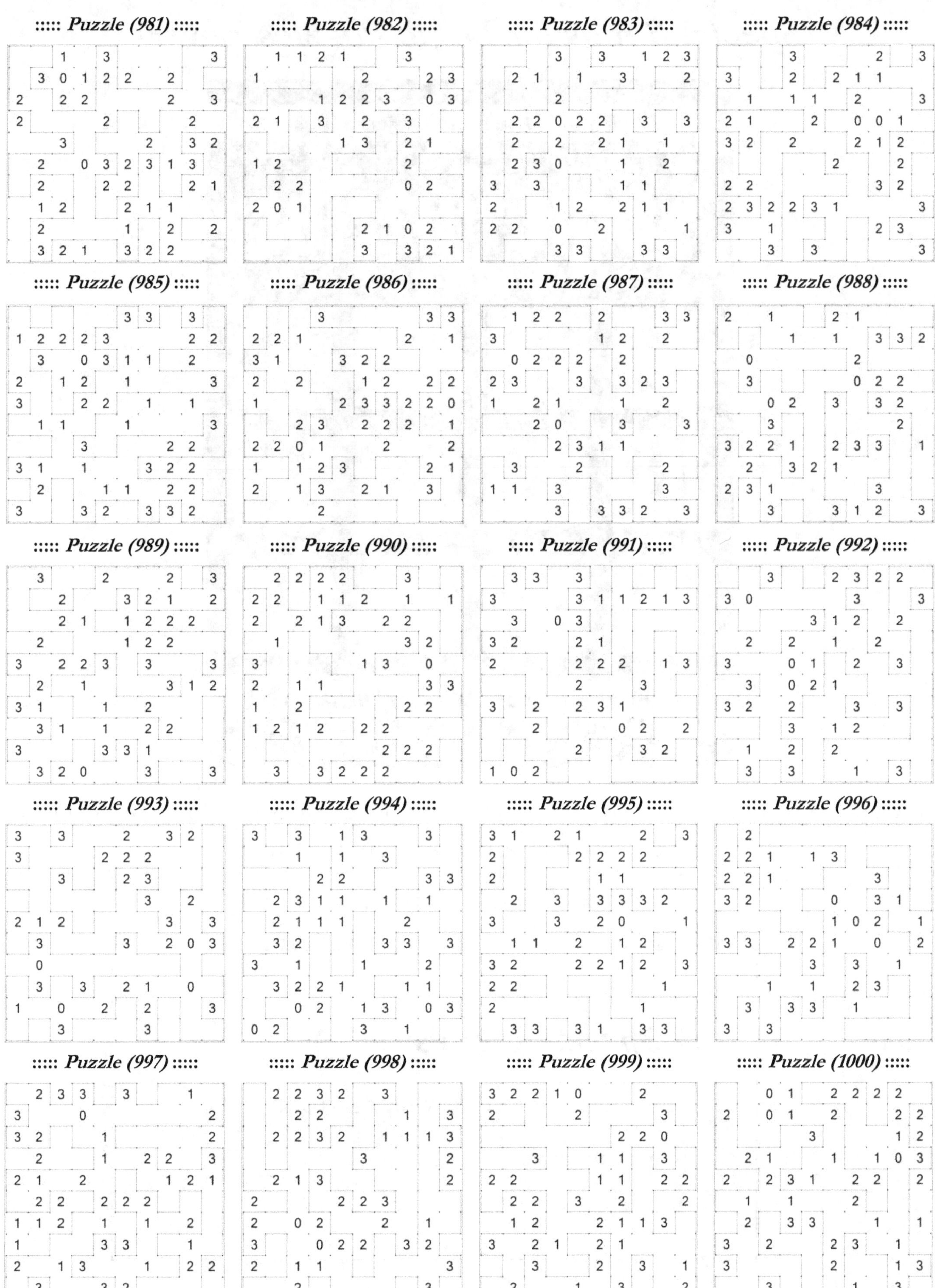

www.ingramcontent.com/pod-product-compliance
Lightning Source LLC
Chambersburg PA
CBHW080744180726
48003CB00021B/2614